Perfekt im Pitch

Kunden begeistern, Investoren überzeugen

Irmengard Funken
Karsten Altenschmidt

HAUFE.

Inhalt

Vorwort

Wie kommt Ihr an den nächsten Auftrag für Eure Agentur oder wie überzeugt Ihr Investoren? Die gute Idee alleine reicht nicht. Es gilt, den Kunden wirklich zu begeistern, die Investoren nachhaltig zu überzeugen.

Die Bühne dafür bieten Pitches. Hier gilt das gnadenlose Prinzip: Alles oder nichts. Entweder Ihr gewinnt den Pitch, oder Ihr geht mit leeren Händen raus. Wer an einem Pitch teilnimmt, sollte sich also gut vorbereiten, denn die Konkurrenz ist groß und eine zweite Chance gibt es nicht.

Wie Ihr Euren großen Auftritt mit Bravour meistert und was es alles dazu braucht, zeigen wir Euch in diesem TaschenGuide. Ihr erfahrt hier, wie Ihr Euch und Eure Idee am besten präsentiert und wie Ihr auch aus einem müden Publikum begeisterte Zuhörende macht.

Worauf kommt es beim klassischen Wettbewerbspitch an? Wie präsentiert Ihr vor Investoren? Wie bringt Ihr Eure Idee in einem Elevator Pitch kurz und knackig auf den Punkt? Antworten auf all diese Fragen haben wir für Euch in diesem TaschenGuide zusammengefasst. Viele, viele Jahre Erfahrung aus unserer Tätigkeit als Pitch-Coaches, Berater:in und Trainer:in sind hier miteingeflossen. Nutzt sie gerne und profitiert davon! Wir wünschen Euch viel Spaß beim Lesen,

Irmengard Funken und Karsten Altenschmidt

Erfolgreich pitchen kann man lernen

Ihr habt Eure Köpfe rauchen lassen, spannende Produkte entwickelt, Ideen generiert, Konzepte ausgearbeitet. Nun gilt es, potenzielle Kunden oder mögliche Investoren zu begeistern. It's Pitch-Time! Es geht um alles oder nichts ...

In diesem Kapitel erfahrt Ihr,

- warum bei Pitches Klasse statt Masse gilt,
- wie Ihr die wirklich relevanten Inhalte herausarbeitet und
- sie in eine spannende Storyline bringt.

Es geht um Relevanz

Pitchen ist immer auch Wettbewerb. Kunden wie Investoren entscheiden sich in der Regel für genau ein Konzept. Und damit eben auch gegen die anderen ... Gewinnen oder Verlieren, alles oder nichts, lautet die Devise!

Die Zeit für die Präsentation ist begrenzt. Die meisten Pitcher finden sie zu knapp, um die Idee, das Konzept, den Plan fundiert vorzustellen. **Agentur-/Dienstleisterpitches** sind oft auf 1,5 Stunden inklusive Diskussion angesetzt – und in dieser Zeit sollen dann das umfassende Konzept vorgestellt und am besten noch drei Cases durchdekliniert werden. Da verzweifelt so manches Team. Start-ups haben im Rahmen von **Investoren-Events** sogar oft nur 15 Minuten, um von ihrer Geschäftsidee zu überzeugen. Und der klassische **Elevatorpitch** umfasst gerade mal 30 bis 60 Sekunden. Wie soll man seine Idee denn in dieser kurzen Zeit umfassend darstellen? Gar nicht! Denn darum geht es beim Pitchen nicht. Es geht um die grundsätzliche Idee und relevante Details, es geht um das Spannende, Innovative, vielleicht sogar Weltbewegende. Es geht um jene Aspekte, die den Unterschied machen ...

Im Pitch geht es um

- das Versprechen für eine bessere Zukunft.
- das Besondere, nicht den Standard.
- um Relevanz und nicht um Vollständigkeit.

Drei Kriterien für wirklich relevante Inhalte

Die meisten Pitchpräsentationen scheitern nicht an der mangelnden Performance. Sie scheitern an den »falschen« und/oder zu umfangreichen Inhalten.

Foto: Jakob Owens

Um für Euren Pitch den richtigen Fokus zu setzen, sind drei Kriterien maßgeblich:

1. **Relevanz für den Zuhörer**: Was interessiert Eure Entscheider? Welches Erkenntnisinteresse haben sie? Und welche Fragen stellen sie sich bei der Auswahl des Favoriten?
2. **Relevanz fürs Ziel**: Was sind jene Argumente, die auf Euer eigenes Ziel einzahlen? Welches Ergebnis möchtet Ihr erzielen? Was sollen Eure Zuhörer anschließend konkret tun?

3. **Neu vor alt**: Langweilt nicht mit alten Kamellen, also mit dem, was der Zuhörer sowieso schon weiß. Erzählt Spannendes, Unbekanntes, Verblüffendes.

Wir erinnern uns an den ersten Agenturpitch, den wir begleitet haben: Ein bedeutsamer Kunde aus dem Bereich Fashion & Beauty hatte einen millionenschweren Jahresetat ausgeschrieben. Ein 20-köpfiges Team war wochenlang »im Keller verschwunden«, hatte Markt und Marke eingehend analysiert, Kreationen entwickelt, Mediakonzepte erstellt, ... Als Basis für den Pitch lagen genau 728 inhaltsstarke Slides vor uns! Und das Zeitfenster für die Präsentation war auf 1,5 Stunden plus einer halben Stunde für Diskussion angesetzt. In dieser kurzen Zeit sollten die Konzepte für die drei Produktgruppen, die mediale Umsetzung, der Projektplan und das Agenturteam sowie das Honorargerüst vorgestellt werden. Eine schier unlösbare Aufgabe. Wir mussten also radikal reduzieren. Nur: wie?

Ein wesentliches Prinzip erfolgreicher Präsentationen ist:

Wir legten also die Folien zunächst zur Seite, stellten uns die drei kritischen Fragen zur Relevanz und diskutierten kritisch: Was ist wirklich relevant für diesen Beautykunden? Welche Aspekte sind wichtig für das von uns definierte Ziel? Und was ist wirklich neu? Wo machen wir den Unterschied? Womit können wir beeindrucken?

> Eine erfolgreiche Pitchpräsentation ist im ersten Schritt klug gedacht und erst im zweiten »schön gebaut«.

Meist werden die Inhalte am Rechner reduziert. Bei 728 Folien ein ziemlich schwieriges Unterfangen. Wir haben daher die Flure der Agentur gekapert und sie mit der Unmenge an Slides ausgelegt. Kleine Teams haben dann radikal alles aussortiert, was nicht den Kriterien entsprach. So erhielten wir den Kern der wirklich relevanten Inhalte, den wir dann in eine spannende Story bringen konnten.

Der Auswahlprozess war intensiv und oft auch ziemlich schmerzhaft. So viele – ebenfalls spannende – Erkenntnisse und Ideen würden im Pitch ungesagt bleiben! Das tat weh. Aber es hat sich gelohnt. Wir haben den Pitch gewonnen.

Relevanz braucht Expertise und Mut

Diese radikale Fokussierung verlangt Expertise (die Ihr zweifelsohne habt, sonst würdet Ihr nicht pitchen). Denn nur der Experte kann entscheiden, was wirklich wichtig, wirklich besonders, wirklich innovativ ist.

RELEVANZ BRAUCHT EXPERTISE UND MUT

Foto: David Hofmann

Und wir brauchen **Mut**: Mut, sich auf das wirklich Relevante zu konzentrieren. Mut, weil Fokussierung immer auch konsequentes Weglassen bedeutet. Ihr müsst Unsicherheit aushalten können – die Unsicherheit, die einen beschleicht, wenn man sich fragt: Vielleicht wäre ja genau dieser Aspekt entscheidend gewesen?

Der Köder muss dem Fisch schmecken, nicht dem Angler

Vor kurzem erzählte eine Coachee, sie habe ein neuartiges Qualitätssiegel für ein Verbraucherprodukt gepitcht. Der Aufwand, dieses Siegel zu entwickeln, war enorm. Unmengen von Daten mussten wissenschaftlich analysiert und verrechnet,

Ergebnisse getestet, in Fachkreisen diskutiert und schließlich das Siegel von Gremien frei gegeben werden. Der Coachee war wichtig, dass die Zuhörer die Formel und die Komplexität dahinter wirklich verstehen, um damit auch den unglaublichen Wert des Siegels zu erkennen. Entsprechend umfassend hat sie die Herleitung präsentiert ...

Den Kunden interessierte hingegen, welchen Nutzen und Mehrwert er mit dem Siegel für seine Endverbraucher schaffen könne. Und sein Marketing war gespannt, welche Vermarktungschancen sich für das Unternehmen daraus ergeben würden ... Ihr könnt es Euch denken: Präsentatorin und Kunde haben in diesem Fall nicht zusammengefunden ... Und das, obwohl der Mehrwert für den Kunden wirklich groß gewesen wäre.

Hiermit sind wir bei der typischen **Falle des Egozentrismus**: Als Anbieter sind wir stets verführt, viel von dem zu erzählen, was uns in unserer Arbeit wichtig ist. Wir denken intensiv über Produkte, Services oder Konzepte nach und gießen sie in die bestmögliche Form. Wir beißen uns an Details die Zähne aus und finden nach langer Tüftelei endlich eine Lösung ... Aus dieser intensiven Auseinandersetzung heraus entsteht oft ein Tunnelblick. Wir halten genau diesen einen Lösungsprozess für besonders wichtig und damit für besonders erzählenswert.

Der Aufwand hinter den Kulissen interessiert meinen Kunden im Zweifel aber gar nicht. Für ihn zählen das Ergebnis und vor allem der Nutzen.

Für einen erfolgreichen Pitch ist es wichtig, sich auf das zu konzentrieren, was für den (potenziellen) Kunden bzw. den Investor wichtig ist!

What's in for me?

Erfolgreiche Pitches leben von einem **radikalen Perspektivwechsel,** wie im Übrigen jede andere gute Präsentation auch. Versetzt Euch konsequent in Eure Zuhörer:innen hinein und baut Eure Präsentation aus der Publikumsperspektive heraus auf!

Wenn Entscheider Eurer Präsentation folgen – egal ob Investoren, potenzielle Kunden oder interne Auftraggeber, dann fragen sie sich stets: »What's in for me?«. »Was haben wir davon? Was bringt uns diese Idee – uns als Unternehmen, als Bereich oder auch mir als Person?« Auf diese Fragen suchen sie überzeugende Antworten.

Foto: Mari Lezhava

Jeff Bezos, Gründer und Ex-CEO von Amazon, hat ein sehr plakatives Motto: »**Der Kunde hat immer einen Stuhl am Tisch!**«. Er meinte das nicht nur als Metapher. Wenn Bezos zu einem wichtigen Meeting erschien, hatte er häufig einen leeren Stuhl dabei. Er stellte diesen Stuhl präsent mit an den Konferenztisch – als Symbol für eine konsequente Kundensicht.

Ein schönes Bild auch für Pitcher:innen. Setzt Euch bewusst auf den Kundenstuhl, zieht die Kundenbrille auf und schaut mit dieser neuen Perspektive auf Eure Präsentation. Interessiert Euch als Entscheider:innen genau das, was Ihr da seht und hört? Sind das wirklich die für Kund:innen wichtigen Aspekte? Was langweilt Euch aus diesem Blickwinkel eher? Und vor allem auch: Was fehlt Euch an wichtigem, entscheidungsrelevantem Input?

> Diese Kundenzentrierung – Amazon unterstellt man sogar eine Kundenbesessenheit – ist einer der wesentlichen Schlüssel nicht nur zum Pitch-, sondern auch zum Geschäftserfolg.

Ab in den Perspektivwechsel

Nehmt Euch die Zeit und versetzt Euch in Eure Zuhörer:innen – potenzielle Kund:innen oder Finanziers. Beantwortet aus deren Perspektive folgende Fragen:

- Was **interessiert** mich aus Kundensicht am meisten? Was ist mein **Erkenntnisinteresse**?
- Wo habe ich **Leidensdruck**? Was lässt mich nachts nicht schlafen?
- Wie kann die Idee/das Konzept mein Problem lösen? Welchen Mehrwert, welchen **Nutzen** bietet das Produkt für mich?
- Wonach strebe ich als Entscheider:in? Was ist meine **Vision**?
- Welche neuen **Chancen** bietet die Pitch-Idee für unsere Zukunft als Unternehmen?
- Welche besonderen **Interessen und Ziele** habe ich als Investor:in? Welche **Risiken** scheue ich bzw. möchte ich einschätzen können?

Denkt intensiv über diese Fragen aus der Kundenperspektive heraus nach. Es lohnt sich. Über diesen Reflexionsprozess filtert Ihr jene Inhalte heraus, die für den Kunden absolut relevant sind und in Eurer Pitchpräsentation auf jeden Fall prägnant dargestellt werden sollten. So verhindert Ihr, dass es Euch so geht wie der Gütesiegel-P tcherin.

Schreibt diese fokussierten Inhalte nun auf. Allerdings noch nicht auf Folien, soncern nur auf **Post-its!** Damit verhindert Ihr, dass Ihr Euch schon jetzt mit Folien und Foliendesign beschäftigt, statt intensiv nachzudenken. Und Ihr ermöglicht Euch so eine maximale Flexibilität. Ihr könnt Aspekte hinzufügen, wegnehmen und umsortieren. Gedanklich und tatsächlich.

Nehmt pro Aspekt e n eigenes Post-it. Am besten schreibt Ihr nicht nur einzelne Worte, sondern kurze Aussagen auf. Hängt Euch die Zettel gut si:htbar an eine Wand, ein Fenster, ans Flipchart. Und nehmt ruhig schon eine erste Clusterung vor – hängt Zusammenhängendes nah beieinander.

Je nach Perspektive brauchen wir unterschiedliche Inhalte

Schon jetzt ist klar: Eine Präsentation, die Ihr für einen Investor erstellt, muss andere Aspekte herausarbeiten als jene für eine Marketingkundin oder einen IT-Innovationsvorstand.

- Der Investor achtet im Zweifel vor allem auf Marktchancen und Return on Invest, sicher auch auf die Solidität des Unternehmens, die Expertise und Leidenschaft der Gründer:innen.
- Bei Wettbewerbspräsentationen im Agenturbereich interessieren Kreativität, Branchenkompetenz, Platzierungsmöglichkeiten in den Med en und ganz wichtig: das Honorarmodell.

- Geht es eher um Beratungs- oder Dienstleistungsaufträge, spielen zum einen die Expertise, zum anderen aber Kundenorientierung, Nahbarkeit, Kundenphilosophie eine besondere Rolle.
- ITler:innen hingegen sind eher an der technischen Umsetzung, der barrierefreien System-Migration, der künftigen Administrierfähigkeit und Stabilität der Systeme interessiert.

Konzentriert Euch auf Eure jeweiligen Zuhörer:innen. »One fits all« funktioniert schon nicht im normalen Geschäft – erst recht nicht im Pitch!

Susan Yin

Steigt bei Eurer Pitchvorbereitung gerne noch tiefer in den Perspektivwechsel ein. Innerhalb der einzelnen Branchen oder Segmente unterscheiden sich die **Bedürfnisse verschiedener Kund:innen** weiter: Ein hochspezialisierter Mittelständler im Saarland hat in puncto IT wahrscheinlich an anderen Stellen

Leidensdruck als der Großkonzern im Ruhrgebiet. Der Hersteller von Massenelektronik verfolgt eine andere Vertriebsstrategie als der High End Produzent. Das Start-up sucht eine andere Form von Beratung als das alteingesessene Familienunternehmen mit 10.000 Mitarbeiter:innen.

Vom Ende her denken – das Ziel stets vor Augen

Mit der Kundenperspektive haben wir einen wesentlichen Filter für die Auswahl der wirklich relevanten Inhalte. Aber das alleine kann's noch nicht sein.

Das zweite Kriterium für Relevanz ist natürlich das **eigene Ziel.** Dabei sollte man doch glauben, das Ziel eines Pitches sei klar. Natürlich wollt Ihr die Ausschreibung gewinnen, den Auftrag erhalten, den Investor überzeugen. Keine Frage. Aber diese Zielsetzungen sind für einen erfolgreichen Pitch noch zu allgemein. Interessant sind die Details, denen Ihr zum Beispiel mit folgenden Fragen auf die Spur kommt.

- Soll Euch der Kunde mit dem gesamten Paket beauftragen oder reichen Euch 30 %?
- Seid Ihr im ersten Schritt mit einem Pilotprojekt glücklich oder soll es direkt der Komplettauftrag sein?
- Ist es Euch wichtig, dass der Projektstart schon zum Termin XY erfolgt oder reicht auch später?

- Sucht Ihr nach genau diesem Investor oder können es auch andere oder gar mehrere sein?
- Soll die Kundin auf jeden Fall auch das Zusatzangebot beauftragen oder geht es ausschließlich um das »Basisangebot«?

Viele Präsentationen, die wir kennen, scheitern an einer unklaren Zielsetzung. Wenn man nicht genau weiß, wo man hinwill, dann kann man auch kaum dort landen. Das Motto »Der Weg ist das Ziel« gilt definitiv nicht für Pitches!

> Erfolgreiche Präsentator:innen klären für sich und das Pitchteam genau, was das Ziel ihrer Pitchpräsentation ist. Denn je nach Ziel unterscheiden sich Inhalte und Dramaturgie der Präsentation.

Ist etwa ein Zusatzangebot eher eine »Spielerei«, um sich als kreativ und innovativ zu platzieren, präsentiere ich es kurz und knapp mit der gebotenen Leichtigkeit. Halte ich das Zusatzangebot dagegen für unerlässlich, muss ich deutlich herausstellen, welche Konsequenzen es für den Kunden hätte, wenn er darauf verzichten würde.

Ist ein Projektstart zu einem bestimmten Termin wichtig, so braucht es dafür eine klare Argumentation. Ist der Umsetzungszeitpunkt relativ egal, habe ich Zeit für andere Aspekte.

Präsentiert Ihr mit mehreren, so ist es evident wichtig, dass Ihr im Team abgestimmt seid, wo die Reise hingehen soll. Wir haben schon so manche Pitchpräsentation erlebt, bei der diese Abstimmung unterblieb, weil ja allen klar war: »Wir wollen den Pitch gewinnen«. Zu welchen Konditionen und ob inklusive oder exklusive des Zusatzangebotes wurde nicht differenziert. Entsprechend haben sich dann die einzelnen Präsentationsparts eher kannibalisiert als unterstützt. Das Zusatzangebot, das ja eigentlich nur die Innovationskraft zeigen sollte, wurde so umfassend präsentiert, dass Zeit für die eigentlich wichtigen Aspekte fehlte. Schade eigentlich …

Übrigens: Maßnahmen sind kein Ziel

Viele Präsentator:innen antworten auf die Frage nach ihrem Ziel: »Wir wollen unser neues Produkt XY vorstellen«, »Ich zeige unsere innovative Idee zu ….«, oder: »Wir erläutern unser Marketingkonzept für …« Aber das sind alles Maßnahmen und keine Ziele. Dieser Unterschied ist extrem relevant für Eure Präsentation!

> Die Frage nach dem Ziel ist immer: Was soll der andere nachher tun? Was soll er initiieren? Was beauftragen? Ein Ziel beschreibt das Ergebnis, die Maßnahme, den Weg dorthin.

Insofern ist es ganz entscheidend, sich in der Vorbereitung jeder Pitchpräsentation zu fragen: »Was wollen wir eigentlich konkret erreichen? Welche konkrete Entscheidung soll getroffen werden?«

SMART hilft

Eine hilfreiche Formel für die Definition von Zielen lautet SMART. So manche kennen sie sicher schon aus dem Projektmanagement oder auch aus Mitarbeitergesprächen.

Ziele sollten SMART sein	
Spezifisch	Konkret und eher spitz formuliert
Messbar	Beispielsweise in Euro, spezifischen KPIs, ...
Attraktiv	Durchaus fordernd und ambitioniert
Realistisch	Nicht zu hochgesteckt, erreichbar
Terminiert	Wann wollt Ihr Euer Ziel (Auftrag, Umsetzung, Freigabe etc.) erreicht haben?

Ein so definiertes Ziel für Eure Pitchpräsentation könnte beispielsweise sein: »Der Kunde beauftragt noch zum Jahresende das Marketingkonzept »Smart und cool« mit einem Budget von ... Euro inklusive des Social-Media-Ansatzes über ... Euro.«

- Marketingkonzept »smart und cool« = **spezifisch**
- bis zum Jahresende = **terminiert**
- mit einem Budget von ... Euro = **messbar, realistisch**
- inklusive des Social Media-Ansatzes über ... Euro.« **= attraktiv**

> Formuliert Euer Ziel als Aussagesatz im Präsens – so, als ob das Ziel schon erreicht sei. Das hebt unmittelbar die Motivation.

Die richtigen Inhalte in passender Struktur

Ihr wisst jetzt nicht nur um das Erkenntnisinteresse Eures potenziellen Kunden oder Eurer Investorin und habt die entsprechend relevanten Inhalte auf Post-its notiert. Ihr habt jetzt auch Euer eigenes Ziel konkretisiert. Welche Inhalte braucht Ihr nun, um auf Euer eigenes Ziel einzuzahlen? Sammelt auch diese Infos auf Post-its und hängt sie zu den bereits vorhandenen. Eventuell könnt Ihr sie sogar anderen Zettel-Clustern zuordnen.

Um diese Sammlung von Inhalten nun sinnvoll für die Präsentation zu strukturieren, bieten sich folgende drei Modelle an:

1. Minto-Pyramide
2. SKIN
3. Golden Circle nach Simon Sinek

Welches Ihr für Euren Pitch wählen solltet, hängt zum einen von Anlass und Zielsetzung, zum anderen auch von Eurer persönlichen Vorliebe ab.

Maximal stabil mit der Minto-Pyramide

Die ehemalige McKinsey-Beraterin Barbara Minto redigierte zu Beginn ihrer Tätigkeit häufig die Berichte der Consultants. Immer wieder verzweifelte sie an der aus ihrer Sicht mangelnden Logik und Struktur. Sie entwickelte deswegen bereits Anfang der 1970er Jahre das nach ihr benannte pyramidale Prinzip, das auch heute noch in viele Präsentationen Eingang findet.

Es gibt weltweit kein Bauwerk, das Naturgewalten mehr Widerstand bietet als eine Pyramide mit ihrem breiten Fundament, bei der jeder Stein auf mindestens zwei anderen liegt. Die Minto-Pyramide greift dieses Prinzip auf: Jede Aussage wird von mindestens zwei Argumenten und jedes Argument von mindestens zwei Belegen gestützt.

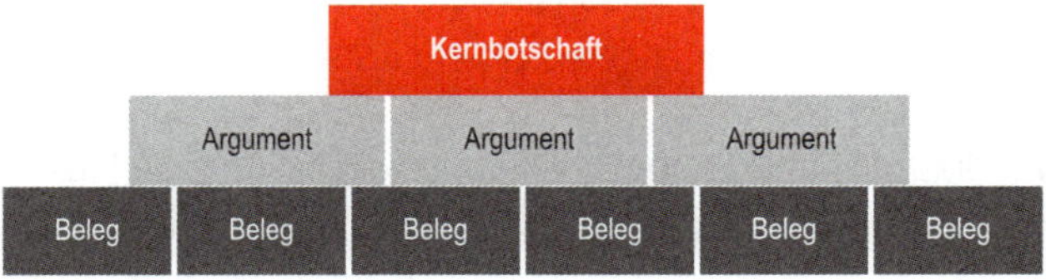

Minto-Pyramide – die Botschaft zuerst

Die Spitze der Pyramide definiert die **Kernbotschaft**. Wie beim klassischen Management Summary startet die Präsentation mit dem Ergebnis. Entscheider:innen wünschen sich häufig zunächst eine klare Hauptaussage, um in der Folge Konkretisierungen und Details direkt einordnen, bewerten und dann ergebnisorientiert handeln zu können.

Was heißt das konkret? Hier kommt ein Übersetzungsbeispiel:

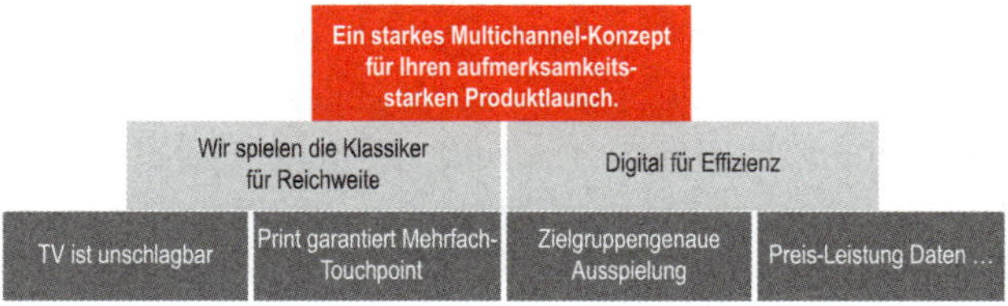

Minto-Pyramide – Beispiel

> Je knackiger und prägnanter die Kernbotschaft formuliert ist, umso besser. Sie muss ziehen, neugierig machen.

Auch hier ist es wieder wichtig, die Kundenbrille aufzusetzen und direkt den Nutzen des Produktes/Konzeptes mit zu formulieren, so zum Beispiel:

- »Ein starkes Multichannel-Konzept für Ihren effizienten und aufmerksamkeitsstarken Produktlaunch«
- »Smarte Technologien für Ihren nachhaltigen Geschäftserfolg«
- »Fein und klein, damit Mobilität noch leichter wird.«

Die Pyramide unterscheidet sich fundamental von der klassisch wissenschaftlichen Abhandlung, in der die Argumentation schrittweise aufgebaut und die Schlussfolgerung systematisch hergeleitet wird.

Minto agiert nach dem Prinzip eines Richters: »**Erst das Urteil, dann die Begründung**«. Und genau darin liegen sowohl Chance als auch Risiko. Macht die Kernbotschaft neugierig, nimmt sie vielleicht sogar schon für die Idee ein, so erlangen wir eine hohe Aufmerksamkeit und meist große Offenheit für die folgende Argumentation. Führt die Kernbotschaft aber direkt zu Ablehnung, so ist es in der Folge meist recht schwierig, diesen Widerstand zu überwinden und argumentativ zu überzeugen.

Hat der Kunde sowieso bereits über eine Multichannelstrategie nachgedacht, können wir ihn gut abholen. Hält er hingegen für seine Zielgruppe wenig vom Digitalen, haben wir schon verloren, bevor wir richtig begonnen haben ... Minto hilft also vor allem dann, wenn ich mir meiner Sache schon recht sicher bin.

SKIN, oder: Keine Lösung ohne ein Problem

Bei Pitches reicht uns die Minto-Pyramide alleine häufig nicht. Wer braucht schon ein Konzept, wenn es gar kein Problem gibt? Es muss einen **Leidensdruck** geben – das kann ein Problem bei unserem (potenziellen) Kunden selbst sein oder auch bei seinen Kund:innen/Endverbraucher:innen.

Bei Wettbewerbspitches beschreibt der Kunde das Problem meist bereits selbst, bei Investorenpitches müsst Ihr den Leidensdruck häufig erst aufbauen und damit den Rahmen für Euer spezifisches Produkt schaffen.

> Ohne Problem brauchen wir keine (neue) Lösung.

Mit SKIN bieten wir Euch eine alternative Präsentationsstruktur.

- **Situation** – Ihr startet mit einer kurzen (!) Beschreibung der aktuellen Situation. Wie stellen sich der Markt, die Verbrauchersituation dar? Wie agiert der Wettbewerb? Wie erfolgt aktuell das Marketing – mit welchen KPIs? Hier helfen häufig ein bis zwei Statistiken für eine gute Fundierung.
- **Komplikation** – Jetzt wird's spannend: Was ist vor diesem Hintergrund ein wirkliches Problem? Wo kommt der Kunde, die Kundin immer wieder an Grenzen? Welche Bedürfnisse, auch der Endverbraucher:innen, werden nicht bedient? Oder auch: Welche Prozesse sind inefffizient oder störanfällig? Wo sind User völlig genervt? Definiert das Problem konkret und eher scharf. Es darf ruhig etwas dramatisch sein.

BEISPIELE: KOMPLIKATIONEN

»Wenn Teens/Senior:innen aktuell ein Tablet nutzen, dann sind sie immer wieder erschüttert, weil …«

»Kund:innen wissen nicht mehr, was sie kaufen sollen, weil …«

»Alle Produkte auf dem Markt beinhalten aktuell das für Allergiker:innen gefährliche …«

»Wenn man sich die Performancewerte anschaut, dann ist fatal, dass …«

»Der Wettbewerb gibt gerade richtig Gas und lässt XY weit hinter sich.«

- **Idee** – Jetzt kommt der Hauptteil Eurer Präsentation, nämlich Eure Lösung, Idee oder Euer Konzept. **Dieser Pitchpart ist Euer Herzstück** – arbeitet ihn sorgfältig aus. Nutzt Eure Post-its. Spielt damit, hängt sie immer wieder um, bis Ihr die für Euch sinnvollste Abfolge gefunden habt.

Gerade jetzt: Achtet auf Relevanz! **Denkt und argumentiert diesen Part konsequent aus der Kundenperspektive heraus**. Schnell schleichen sich zu viele Details ein. Also: Welche Aspekte Eurer Idee zahlen ein auf den Leidensdruck des Kunden, das Erkenntnisinteresse der Investorin?

- **Nutzen** – Kurios, aber wahr: gerade die Nutzenargumentation wird häufig vergessen! Und dabei ist sie entscheidend für Euren Erfolg. Was hat die Kundin von Eurem Konzept? Der Endverbraucher von Eurem Produkt? Was ist der Mehrwert? Wo macht Euer Konzept für den Kunden einen wertvollen Unterschied?

Foto: Toa Heftiba

Viele Pitchpräsentationen beschreiben ausführlich das Produkt oder das Konzept – vergessen aber zu erzählen, warum es überhaupt entwickelt wurde und welchen Leidensdruck es lindert. Ohne diesen Zusammenhang und den konkreten Nutzen ist es deutlich schwieriger, Entscheider:innen zu überzeugen.

Mit WHY HOW WHAT den großen Rahmen schaffen

Manchmal ist es sinnvoll, die eigene Idee noch größer zu rahmen, vor allem bei Start-up-Pitches.

Der Unternehmensberater Simon Sinek hat im September 2009 in einem legendären TED Talk (über 54.000.000 Klicks!) analysiert, warum Unternehmen wie zum Beispiel Apple so extrem erfolgreich sind. Und das, obwohl die Produkte technisch und im Preis-Leistungs-Verhältnis nicht zwangsläufig besser sind als jene der Wettbewerber. Es lohnt, sich diesen Talk einmal anzuschauen:

Auf Basis seiner Erkenntnisse hat Sinek den **Golden Circle** entwickelt:

Darstellung: Haley Campbell, newmedia, 2016

»People don't buy what you do. They buy why you do it.« Diese zentrale Botschaft des Golden Circle kann auch für Pitchpräsentationen handlungsleitend sein: Bevor wir uns mit dem WAS und WIE beschäftigen, sollten wir uns mit dem WARUM auseinandersetzen. Es ist ähnlich wie bei SKIN. Allerdings wird das **WHY** in Sineks Circle deutlich größer gedacht – hier geht es um Megatrends, um gesellschaftliche oder technologische Entwicklungen. Damit erhält die Idee, das Produkt direkt ein ganz anderes Gewicht, eine viel größere Wertigkeit.

Es macht einen Unterschied, ob ein Unternehmen einfach ein leichtes Notebook entwickelt und anpreist oder ob es auf das Bedürfnis der Menschen nach Mobilität und ortsunabhängigem Arbeiten einzahlt. Ob jemand einfach eine effiziente Social-Media-Strategie konzipiert oder mit einem ausgefeilten Content Marketing das Bedürfnis der Menschen nach relevanten Geschichten bedient.

Traut Euch, über das große WHY Eures Konzeptes nachzudenken. Warum habt Ihr Euch dem Thema überhaupt gewidmet?

> Das WHY beinhaltet übrigens nicht nur das WARUM (also Anlass und Begründung), sondern auch das WOZU: Was ist das große Ziel, was die Vision?

Das **HOW** ist missverständlich. Hier geht es *nicht* darum, wie Ihr Euer Konzept umsetzt oder wie das Produkt funktioniert. Das HOW ist ebenfalls größer gedacht: Es beschreibt, welche Unternehmenswerte, welche wesentlichen Prinzipien oder Philosophien bei der Entwicklung des Konzeptes handlungsleitend waren:

- Standen zum Beispiel Customer Centricity/User Experience im Zentrum Eurer Entwicklungsarbeit oder eher die Orientierung an Effizienz und Rendite?
- Seht Ihr Euch eher als Dienstleister:innen im klassischen Sinne, als weise Berater oder als Sparringspartner auf Augenhöhe?
- Seid Ihr Innovatorinnen und Zukunftstreiber oder liegen Euch vor allem Pragmatismus und Stabilität am Herzen?

Dabei geht es nicht etwa um ein Richtig oder Falsch, sondern um eine klare, wertorientierte und handlungsleitende Fundierung. Dieses HOW ist ein deutliches Statement, hebt Euch von Wettbewerbern ab und gibt Eurer Idee ein größeres Gewicht.

Das **WHAT** schließlich beschreibt Eure Lösung – Euer Produkt, Eure Dienstleistung oder Geschäftsidee. Hier gelten wieder uneingeschränkt die Prinzipien der Relevanz und kunden- bzw. nutzenorientierten Argumentation, wie wir sie bereits beschrieben haben.

Eine wesentliche Erkenntnis von Sinek war, dass erfolgreiche Unternehmen beim WHY starten. **Die Produktstory beginnt also beim WHY und HOW und geht erst dann zum WHAT** (der eigentlichen Idee) über. Sehr spannend! Die meisten Vertriebler agieren intuitiv anders herum.

Ein geniales Beispiel einer Umsetzung von WHY HOW WHAT findet Ihr auf der Slideshare-Plattform im Pitchdeck des Software-Unternehmens ZUORA:

Wenn Ihr nun Eure Pitchpräsentation vorbereitet, so entscheidet Euch bewusst, welche der drei Varianten – Minto, SKIN oder Golden Circle – für Euer Anliegen besonders geeignet ist. Und dann ordnet die von Euch auf Post-its bereits notierten Inhalte diesen Strukturen zu. Mit hoher Wahrscheinlichkeit werdet Ihr feststellen, dass Euch Inhalte und entscheidende Argumente fehlen – so etwa zum WHY oder HOW oder zu SITUATION und KOMPLIKATION. Meist fehlen auch die Nutzenargumente ... Füttert also entsprechend an!

Überzeugen mit klaren Botschaften und einer spannenden Storyline

Ihr habt nun die wirklich relevanten Inhalte auf Euren Post-its gesammelt und Euch auch bereits für eine Struktur entschieden – Minto, SKIN oder WHY HOW WHAT.

Doch die logische Struktur alleine reicht nicht, um einen Pitch zu gewinnen. Wir brauchen auch eine dramaturgisch geschickte, spannende und inspirierende Storyline. Ihr müsst Euer Plenum in den Bann ziehen, Eure Zuhörer:innen wirklich begeistern. Sonst habt Ihr keine Chance auf den Zuschlag. Wir brauchen also eine gute Story!

Los geht's mit einem Hot Start

Erinnert Euch, wie Ihr selbst Präsentationen folgt: Bei den ersten Sätzen ist Eure Aufmerksamkeit meist besonders hoch. Wer spricht da? Was ist das für eine Frau, was für ein Typ? Verspricht der Vortrag spannend zu werden? Sehr schnell entscheiden wir als Zuhörende intuitiv, ob es sich lohnt zuzuhören. Sind wir nicht »gecatcht«, sinkt unsere Aufmerksamkeit meist relativ schnell, schweifen unsere Gedanken ab. Ab und zu wachen wir noch einmal auf, hören wieder diszipliniert zu. Gegen Ende werden wir dann wieder neugierig: »Vielleicht kommt ja noch etwas Spannendes? Wahrscheinlich muss ich jetzt eine Entscheidung treffen, daher sollte ich noch einmal hinhören ...«

Präsentator:innen agieren allerdings häufig genau entgegengesetzt dieser Zuhörerkurve. Sie starten eher langsam, möchten den Zuhörer in Ruhe abholen, nehmen dann langsam Fahrt auf, erzählen das Wichtigste in der Mitte der Präsentation und schleichen nach hinten aus à la »So, das war's jetzt eigentlich«.

ES LÄUFT NICHT PARALLEL

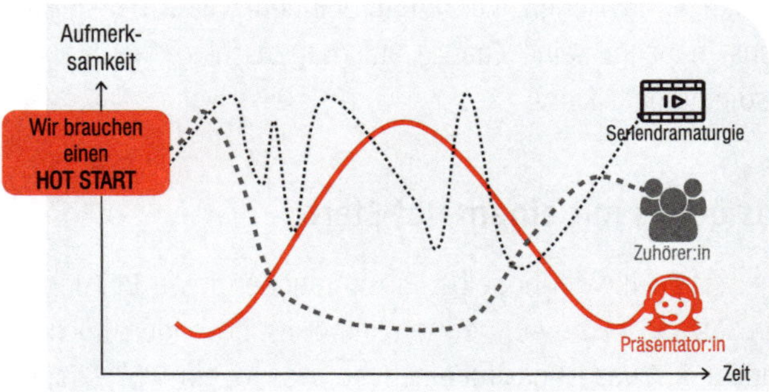

Aufmerksamkeit von Zuhörenden und Präsentierenden (Quelle: Petra Sammer, Storytelling für Führungskräfte, 2017, via: www.linkedIn.com/learning/storytelling-fur-fuhrungskrafte/struktur-einer-story)

Hier haben wir also eine deutliche Diskrepanz, wie auch die Grafik verdeutlicht.

Natürlich können wir davon ausgehen, dass Investor:innen oder Kund:innen, die uns zum Pitchen eingeladen haben, hier professioneller agieren. Sie haben ja schließlich ein Interesse, alles aufzunehmen, um die beste Entscheidung treffen zu können. Und dennoch tun wir gut daran, sie nicht in ihrer Disziplin zu fordern, sondern unsere Präsentation so aufzubauen, dass wir ganz leichtgängig ihre Aufmerksamkeit fesseln, sie inspirieren, begeistern. Umso eher werden sie auch einer anregenden Zusammenarbeit mit uns entgegensehen.

Ihr braucht also einen **Hot Start**. Eine spannende Neuigkeit, ein aktuelles Studienergebnis, das direkt die Situation/das Problem untermauert. Ihr könnt auch mit einer kleinen Story beginnen, die Ihr gerade erlebt habt und die einen direkten Bezug zum Auftrag hat.

Vorsicht bei Anekdoten, Witzen, gewollt humorvollen Einlagen – sie gehen in der Anspannung eines Pitches fast immer schief.

Wenn Ihr mit SKIN zügig den Finger in die Wunde legt, weil Ihr ein interessantes Problem aufmacht oder gar mit WHY HOW WHAT ein ganz großes Bild schafft, könnt Ihr mit hoher Wahrscheinlichkeit direkt die Neugierde Eurer Zuhörer wecken.

Hütet Euch davor, mit der Beschreibung des Briefings oder einem Projektauftrag zu starten nach dem Motto »Wir wollen alle noch einmal abholen«. Niemand kennt das Briefing, den Auftrag besser als der Kunde selbst – er hat ja genau diese Informationen selbst reingegeben … Auch keine gute Idee: mit der Unternehmensvorstellung zu beginnen, die auf Eurer Website nachzulesen ist. Wenn Ihr eingeladen werdet, könnt Ihr davon ausgehen, dass die Entscheider:innen Eure Website bereits durchstöbert haben.

Langweilt nicht – schon gar nicht zu Beginn.

Wenn Ihr dennoch denkt, dass Ihr mit dem Briefing oder der Anfrage starten solltet (was durchaus seine Berechtigung haben kann), so erzählt das Briefing zumindest neu. Beschreibt, was für Euch besonders spannend, fordernd oder überraschend war. Wo sich bei der tieferen Analyse/Bearbeitung plötzlich »unerwartete Hürden« oder ganz neue Horizonte auftaten ... So wird die Einleitung auch für jene spannend, die um den Auftrag wissen, weil Ihr hier etwas über Euch aussagt.

> Sorgt für einen Hot Start. Fesselt von den ersten Sätzen an. Startet mit einer Neuigkeit, einem klaren Statement, einer Botschaft.

Spannung halten mit Peaks

Sorgt auch während des weiteren Verlaufs immer wieder für spannende Impulse und Aha-Momente. In Eurer Story muss Bewegung sein.

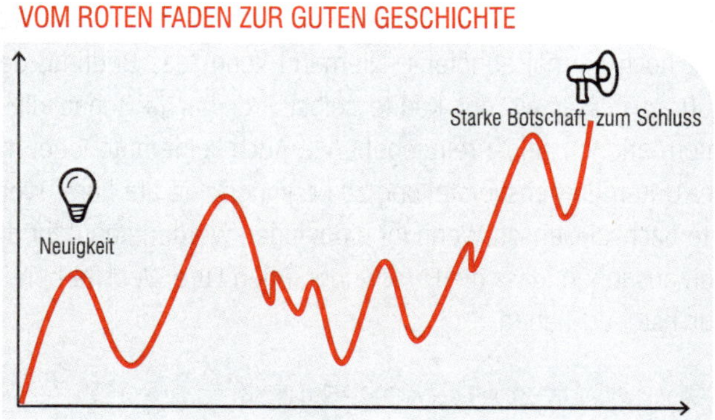

Vom roten Faden zur guten Geschichte

Steve Jobs war ein Meister der Präsentation. Er achtete unter anderem akribisch darauf, dass spätestens nach 10 Minuten Vortrag etwas Neues passierte – eine beeindruckende Produktdemonstration, ein spannender Gast, ein fetziges Video, eine rockige Band ... Er wusste um Studien, dass nach 10 Minuten die Aufmerksamkeit von Zuhörern dramatisch sinkt. Hier solltet Ihr – gerade bei längeren Pitchpräsentationen – aktiv gegensteuern.

Der erste Eindruck ist entscheidend, der letzte bleibt

So wichtig wie der aufmerksamkeitsstarke Start ist das **fulminante Ende**. Verzichtet auf Standard-Folien wie »Vielen Dank für Ihre Aufmerksamkeit«, »Fragen?« – oder Eure Visitenkarte. Wer fotografiert sich schon die Mailadresse ab? Das Passfoto brauche ich auch nicht, Ihr steht ja vor mir. In die Versand-Präsentation darf die Kontaktseite natürlich rein.

Ihr wollt etwas verkaufen. Ihr möchtet den Auftrag erhalten. Daher gebührt Eure letzte Folie einer starken abschließenden Botschaft. Und natürlich darf der klassische Call to Action – was soll der Kunde, die Kundin als Nächstes tun? – nicht fehlen.

> Die letzte Folie und Euer letzter Satz sollten eine wirklich starke Schlussbotschaft enthalten. Das Wichtigste, was sich der Kunde merken soll.

Nutzt nun Eure Post-its, um Eure Storyline zu entwickeln:

1. **Beginnt mit dem Hot Start**: Mit welchen Neuigkeiten, starken Botschaften wollt Ihr anfangen? Was ist das große WHY? Oder was die konkrete Situation und das resultierende Problem? Haltet Euren Start ganz knapp und kommt rasch auf den Punkt!

2. Entwickelt nun Eure weitere **Story**: Welche »Kapitel« machen für Euch Sinn? Welche Inhalte/Post-its gehören in welche Sequenz? Wie wollt Ihr Eure Lösung herleiten/begründen?
3. Endet stark: Was ist Eure **Schlussbotschaft**? Wie lautet der **Call to Action**?

Starke Botschaften bleiben haften

Unterteilt Eure Präsentation in drei bis maximal fünf Kapitel. Damit könnt Ihr eine packende Dramaturgie aufbauen.

Jedes Kapitel braucht eine starke Kernbotschaft, die sich Eure Zuhörer:innen merken sollen. Denkt intensiv darüber nach, welche das sein könnten. Die meisten von uns haben gelernt, Kapitel mit ihren jeweiligen Themen zu definieren, so zum Beispiel: »Unsere Ausgangssituation« oder »Der Markt«, »Das Portfolio«, »Next Steps«. Wie langweilig! Und vor allem: wie wenig aussagekräftig.

Schaut Euch ruhig mal die Inhaltsverzeichnisse guter, aktueller Fachbücher an. Nur noch selten sind die einzelnen Kapitel mit dem eigentlichen Thema überschrieben. Anregende, fesselnde Bücher werfen hier eher Fragen auf, wie zum Beispiel: »Wie muss ein guter Projektplan aussehen?«, »Was können Sie tun, um Ihre Zielgruppe wirklich zu erreichen?«

Oder – und das ist beim Pitchen unsere Empfehlung – platziert **klare und pointierte Statements**: »Der Wettbewerb macht es vor«, »PLAN verändert die Welt«, »Wir brauchen Expertise und Leidenschaft!«, »25 % sind zu viel«.

Stellt Euch vor, ein Zuhörer Eurer Präsentation trifft nach dem Pitch auf dem Flur eine Kollegin und sie fragt, wie es gewesen sei. Er antwortet: »Gut, sie haben den Markt intensiv analysiert und ihr Produkt vorgestellt.« Mehr als ein Fragezeichen wird die Kollegin daraus nicht ziehen können.

Anders ist es, wenn der Zuhörer sagen kann: »Es war sehr spannend: Da ist richtig viel Druck im Markt. Und mit ihrem Produkt XY hätten wir die Chance, in Zukunft ...«

> Botschaften regen an, sie emotionalisieren und bleiben haften. Je klarer sie sind, desto besser lassen sie sich erinnern und vor allem auch anderen vermitteln. Botschaften, die wir hier meinen, sind nicht beschreibend, sondern klar bewertend.

Be-merkenswerte Botschaften sind beispielsweise:

- »Die Gesellschaft wird immer mobiler« (Situation)
- »Wir machen es unseren Kund:innen wirklich schwer« (Problem)
- »Unser Produkt XY ist der Booster für maximal leichtes Arbeiten« (Lösung)

In dem Moment, wo Ihr aufhört, Eure Präsentation in »Themen«-Kapitel einzuteilen, sondern Botschaften definiert, fangt Ihr an, in Geschichten zu denken. Und bei Pitchpräsentationen geht es wahrlich nicht darum, Themen abzuarbeiten – dann seid Ihr zwar fleißig, aber den Pitch gewinnt Ihr nicht.

Eure Entscheider:innen brauchen eine gute **Geschichte über Eure Idee, das Produkt** oder bei Start-ups das Geschäftsmodell. Eine Geschichte, der sie **gebannt lauschen**, da sie **in sich stimmig** ist, einen Gesamtrahmen setzt und **die Sinnhaftigkeit unterstreicht**.

Foto: Tibor Krizsak

Liegt Euch selbst das Texten nicht, geht es ins Sparring mit Partnerinnen, Freunden, Kolleginnen. Oft bringen sie schneller und prägnanter auf den Punkt, was Ihr im jeweiligen Kapitel vermitteln wollt.

Die Folien: Verständlich. Anregend. Brillant.

Der Foliensatz ist Eure Visitenkarte – er sollte brillant und unique sein. Wer möchte schon einen Anbieter beauftragen oder in ein Unternehmen investieren, das hier unprofessionell oder grottenlangweilig rüberkommt?

In diesem Kapitel erfahrt Ihr, worauf Ihr beim »Folienbauen« achten solltet.

Der Foliensatz: Eure Visitenkarte

Ihr habt die Essenz, den Kern Eurer Botschaft herausgearbeitet und eine passende Struktur erstellt und auch schon die Dramaturgie durchdacht. Jetzt, und wirklich erst jetzt geht es daran, Eure Inhalte zu visualisieren, verständliche und gleichzeitig auch anregende Folien zu bauen.

Die Folien sind Euer Handwerkszeug, um wesentliche Botschaften prägnant zu visualisieren und ins Gedächtnis der Entscheider zu brennen. Um Euer Produkt, Eure Dienstleistung oder Konzepte zu veranschaulichen, um Euch die Argumentationsgrundlage an Zahlen, Daten, Fakten bereitzustellen.

Die Folien sind **Handwerkszeug** und nicht der Handwerker! Bleiben wir noch kurz bei dieser Metapher: Hervorragende Handwerker:innen nutzen richtig gutes Handwerkszeug. Sie geben sich nicht mit dem billigen Schraubschlüssel ab. Also baut richtig gute Foliensätze, die Euch in Eurer Überzeugungskraft unterstützen.

Der Foliensatz muss unverkennbar zu Euch und Eurem Unternehmen passen und Eure Handschrift und Philosophie widerspiegeln: das Innovative, Zeitgeistige oder aber auch Traditionelle, Seriöse – eben das, was Euch ausmacht. Und immer: professionell.

Wenn Ihr noch kein Logo, keinen Folienmaster habt, könnt Ihr zum einen auf die bei PowerPoint oder Keynote hinterlegten Templates zurückgreifen. Da diese Folien jedoch allen Nutzer:innen zur Verfügung stehen, schießt Ihr damit nicht unbedingt den Kreativ-Vogel ab. Ansonsten schaut doch mal im Netz nach. Dort gibt es viele Angebote, wie zum Beispiel diese:

- www.PresentationLoad.de
- www.slidepress.com
- graphicriver.net

Von Lese- und Performancepräsentationen

Wir unterscheiden – nicht nur bei Pitches – konsequent zwischen **Lese-** und **Performancepräsentationen.**

- **Lesepräsentationen** erstellen wir dann, wenn der Kunde oder die Investor:in im Vorfeld oder Nachgang die Präsentation haben möchte, um bestimmte Aspekte (noch einmal) anzusehen oder nachzuschlagen. Und: Diese Präsentationen werden oft an meinungsbildende Personen weitergereicht, die beim Termin nicht dabei waren. Daraus folgt: Lesepräsentationen müssen **selbsterklärend** sein und aus sich heraus überzeugen. Als Leser:in muss ich die Argumentation und die Begründungen direkt aus den Folien heraus verstehen, den Gedankengang nachvollziehen und der Geschichte folgen können. Natürlich sollten die Folien auch **anregend gestaltet** sein. Der Investor oder die Kundin soll den Foliensatz neugierig in die Hand nehmen.
- **Performancepräsentationen** nutzt Ihr, wenn Ihr vor Eurer Kundin oder auf dem Investorenevent live oder virtuell prä-

sentiert. Eine solche Präsentation ist deutlich **reduzierter als die Lesepräsentation.** Sie soll Euch in Eurer Überzeugungskraft unterstützen, nicht sabotieren. Eure Zuschauer:innen müssen in kürzester Zeit die Folie erfassen und Euch dann wieder folgen können. Der Satz, die Zahl, die Grafik auf der Folie sollen Euren Vortrag visuell untermauern, nicht kannibalisieren!

> Die eierlegende Wollmilchsau gibt es nicht: Eine Lesepräsentation ist nicht präsentabel und eine Performancepräsentation nicht selbsterklärend.

Textwüsten: Viel hilft nicht viel

Das Wichtigste zuerst: Komplexe, volle Folien helfen nicht. Warum? Zum einen mag niemand vollgeschriebene Charts. Sie schrecken eher ab, als dass sie motivieren, geschweige denn inspirieren.

Vor allem aber: In dem Moment, in dem Ihr solche Folien zeigt, sind Eure Zuhörer:innen von Euch abgelenkt. Sie müssen sich entscheiden, ob sie Euch weiter folgen oder den Text erfassen wollen. Niemand kann gleichzeitig lesen und zuhören. Aber jeder Mensch liest schneller, als Ihr präsentieren könnt, deshalb entscheidet er sich intuitiv fürs Lesen.

> Wenn Euer Publikum mit Lesen abgelenkt ist, kann es Eurer Argumentation nicht mehr folgen. Fatal.

Oder Euer Publikum ist verführt, in die gezeigte Tabelle einzusteigen und deren Zahlen zu interpretieren. Auch das passiert ganz automatisch. Niemand wartet, bis Ihr die entsprechenden Werte erläutert.

Foto: Erik Witsoe

Bietet daher prägnanten, reduzierten Inhalt auf Euren Folien. Zeigt **einzelne Begriffe oder kurze Phrasen** statt langer, ausformulierter Sätze. So kann Euer Publikum den Schlüsselbegriff auf der Folie schnell erfassen und Euch gleichzeitig folgen.

Und noch ein wichtiger Aspekt für Text-Charts: Meidet Zeilen, die über die gesamte Folienbreite laufen. Sie sind extrem unkomfortabel zu lesen, vor allem im für Präsentationen üblichen 16:9-Querformat. Faustregel: Ein Satz/Phrase sollte maximal 2/3 der Seitenbreite einnehmen. Oder Ihr organisiert Eure Texte in Spalten wie in Zeitungen und Zeitschriften. Spalten erhöhen die Lesbarkeit.

Ausnahmen sind die Überschriften und Botschaften, die Ihr zentral auf der Folie platziert. Denn sie sind in großer Schrift gesetzt und daher schnell erfassbar.

Ihr könnt Eure Textfolien auffrischen, wenn Ihr die Schlagworte durch Icons ergänzt. Die Folien wirken dadurch nicht nur anregender, sondern Ihr erleichtert Euren Zuhörern auch das Erfassen und Erinnern. Die meisten Unternehmen haben eine Icon-Datenbank. Ebenso sind in den neuen PowerPoint-Versionen viele Icons hinterlegt. Aber auch im Netz gibt es eine große Anzahl frei verfügbarer (oder auch zu bezahlender) Icon-Pools in ganz unterschiedlichen Stilen. Icons findet Ihr zum Beispiel unter:

- thenounproject.com
- icons8.de

Die Welt ist keine Liste

In vielen Präsentationen wimmelt es von Bulletpoint-Listen. Aber: Listen zeigen keine Zusammenhänge auf und stellen keine Strukturen oder Prozesse dar. Wenn Ihr zum Beispiel einen Recycling-Zyklus mit Bulletpoints beschreibt, so muss der Zuhörer die logischen Zusammenhänge aktiv für sich übersetzen. Wenn Ihr Abhängigkeiten und kritische Pfade im Projektplan darstellen wollt, gelingt dies im Gant-Diagramm besser als über Aufzählungen. Eine Struktur ist im Organigramm besser erfassbar als in einer Liste.

Bulletpoint-Listen gaukeln häufig eine Abfolge oder Priorisierung vor. Aber vielleicht sind ja die Vorteile Eures Produktes gleichrangig? Dann stellt sie am besten nebeneinander dar.

> Vergesst Bulletpoints – unsere Welt lässt sich nicht in Listen pressen. Baut Infografiken. Sie sind für das menschliche Hirn viel besser erfass- und erinnerbar als Text.

Gibt es Zusammenhänge, Hierarchien oder Abhängigkeiten? Dann gestaltet sie als Pyramide, Baumstruktur, als Organigramm oder auch als 360-Grad-Ansicht.

Ihr seid die Expert:innen – stellt in Infografiken dar, wie die verschiedenen Aspekte zueinander in Beziehung stehen:

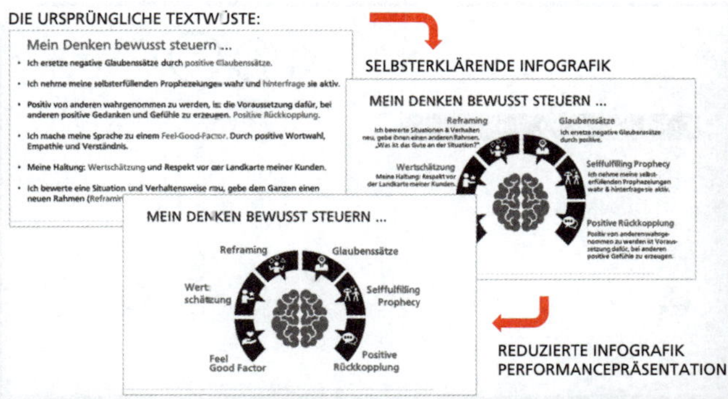

Handelt es sich um einen Prozess? Dann baut ihn in unserer gewohnten Leserichtung von links nach rechts. Auch Timelines orientieren sich stets an dieser Richtung.

Es gibt wunderbare Foliensätze im Netz, auf die man zurückgreifen oder von denen man sich zumindest inspirieren lassen kann. Die praktikabelsten Sätze sind für eine relativ geringe Gebühr zu haben, andere sind gar frei verfügbar. Es lohnt sich wirklich.

Stöbert zum Beispiel bei:

- Infograpia.com
- www.slidegarden.com.

Hier seht Ihr zum Beispiel vier Varianten, einen Prozess darzustellen. Sie stammen aus dem Infograpia-Pool (infograpia.com).

PROZESSE – IMMER VON LINKS NACH RECHTS!

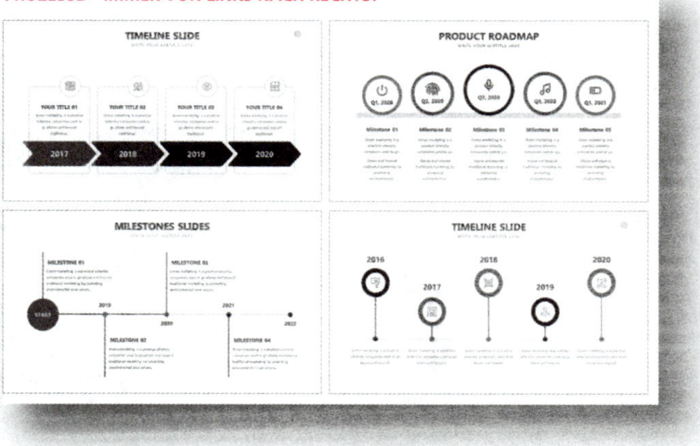

Da Ihr in der Regel weder Grafiker noch Texterin seid, kann es bei wichtigen Pitches auch eine gute Idee sein, auf einen PowerPoint-Profi zurückzugreifen. Solche Expert:innen findet Ihr ebenfalls im Netz.

> Ihr müsst wahrlich nicht alles selbst entwickeln und bauen. Das ist auch gar nicht Eure Aufgabe. Konzentriert Euch lieber auf Eure Inhalte und die Story.

Diagramme sind besser als Tabellen

Zahlen, Daten, Fakten werden üblicherweise in Tabellen dargestellt, um sie miteinander vergleichen oder Entwicklungen aufzeigen zu können. Wenn Ihr nicht gerade vor Controllern, Steuerberater:innen oder Wirtschaftsprüfer:innen pitcht, sind diese Tabellen für Euer Publikum schwer erfassbar. Viel einfacher geht's mit Diagrammen.

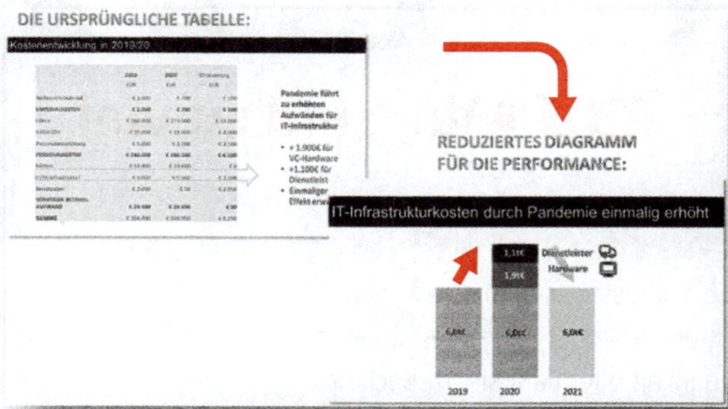

Es gibt Säulen-, Balken-, Linien-, Tortendiagramme und einige mehr. Achtet darauf, die richtige Diagrammform zu wählen. Das ist abhängig davon, welchen Vergleich, welche Entwicklung Ihr darstellen wollt.

> Hebt auf den Diagrammen stets deutlich hervor, was Euch wichtig ist – durch Pfeile, Kreise, Marker. Macht es dem Zuschauer einfach. Lenkt seinen Blick mit klaren und eindeutigen Richtungsvorgaben.

Eine Alternative für Mutige: Reduziert Zahlencharts maximal. Von den 35 Zahlen einer Tabelle werden meist nur drei relevante besprochen. Warum stellt Ihr nicht einfach nur diese prägnant und plakativ auf einer Folie dar?

Foto: Rawpixel

Die Voraussetzung für diese Variante: Ihr seid im Zahlenwerk sattelfest, könnt die anderen Zahlen bei Bedarf aus dem Kopf ergänzen oder habt sie im Back-up.

Keine Folie ohne Talking Headline

Überall kursieren Foliensätze, auf denen oben im Titel lediglich ein Thema steht. So etwas wie »Zielsetzung«, »Produktportfolio«, »Strategischer Ansatz« oder aber auch »Abverkauf«.

Schaut mal auf die folgende Folie: Was ist hier die Aussage?

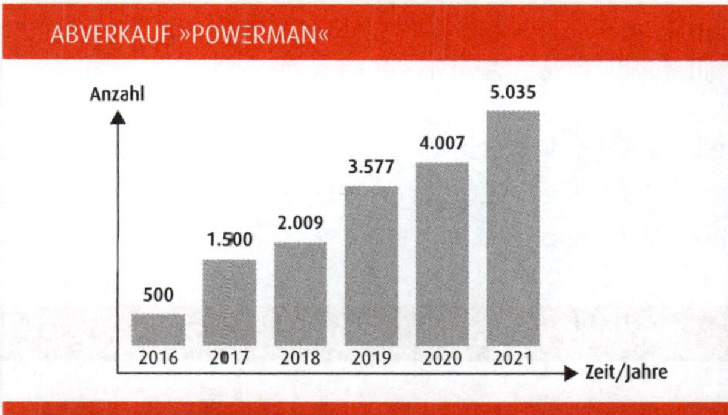

Nun stellt Euch vor, Ihr wollt dem Investor voller Stolz präsentieren, dass Ihr den Milestone 5.000 geschafft habt. Da macht folgende Folie doch viel mehr Sinn:

Hier haben wir mit einer klaren Hervorhebung der letzten Säule und einer **Talking Headline, also einer sprechenden Überschrift**, gearbeitet. Sie drückt genau das aus, was Ihr vermitteln wollt, nämlich: »Ab 2021 in der Gewinnzone!«

Stellt Euch nun vor, eine Vertriebsleiterin möchte mit den gleichen Zahlen ihrem CEO stolz die Erfolgsgeschichte der letzten Jahre präsentieren:

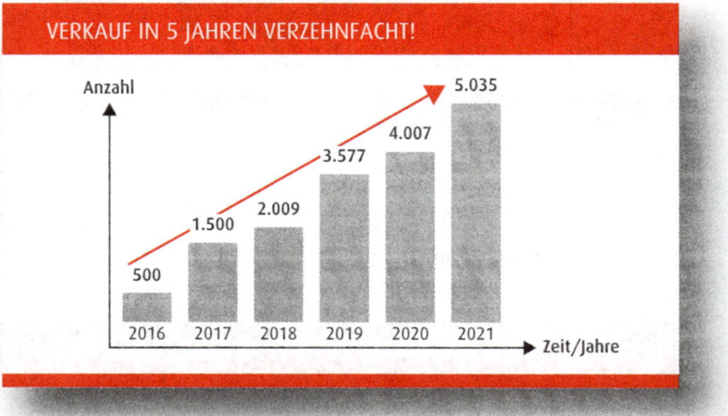

Wie viel stärker wirkt »Verkauf verzehnfacht« als »Abverkauf«? Und wie klar wird diese Steigerung durch den Pfeil unterstrichen?

> Talking Headlines sind Statements, klare Botschaften. Sie beschreiben nicht die Inhalte der Folie, sondern definieren eindeutig, wie wir diese interpretieren sollen.

Genau das ist unsere Aufgabe beim Präsentationen Bauen: Ganz eindeutig den Blick zu lenken und eine klare Aussage zu treffen, wie das Diagramm interpretiert werden soll.

Denkt bei jeder Folie darüber nach, warum Ihr sie überhaupt zeigt und welche Botschaft Ihr damit vermitteln wollt. Wir sind radikal:

Foto: unsplash.com/@ujesh

Formuliert Eure Talking Headlines am besten

- als kurze Aussagesätze
- aktiv mit starken Verben und bewertenden Adjektiven. Die Headlines sollen aufrütteln.

Ihr dürft ruhig etwas reißerisch werden, denn die Botschaft muss klar rüberkommen.

Foto: H.F.E & CO

Erst die Talking Headlines machen aus einer strukturierten Präsentation eine überzeugende, inspirierende Story.

Folienlayout: weniger ist mehr

Die »Weniger ist mehr«-Regel gilt übrigens auch für Schriften, Größen, Farben etc. Als Nicht-Grafiker:in ist man oft verführt, noch eine weitere Farbe, noch eine Schriftart hinzuzunehmen, wenn man etwas hervorheben will. Allerdings erreicht man damit meist das Gegenteil: Jedes zusätzliche Element macht die Folie unübersichtlicher und wirrer.

Beim Layout von Folien hilft **EKKE**

Folien layouten mit EKKE	
E wie Einheitlichkeit	**Durchgängiges Look & Feel**
	▪ eine Schriftart
	▪ zwei Schriftgrößen: Überschriften (24–30 Punkt) & Text (18–24 Punkt)
	▪ Überschriften, Botschaften, Fußzeilen sind durchgängig gelayoutet
K wie Klarheit	**Bei Schriften, Farben, Grafikelementen**
	▪ Serifenlose Schriften wie Arial, Helvetica, Calibri
	▪ Max. drei Farben: Hauptfarbe dunkel auf hell oder hell auf dunkel (Darkmodus), eine starke Akzentfarbe für Hervorhebungen, eine schwächere Akzentfarbe für Flächen/Grafikelemente
	▪ Grafikelement: maximal einfach, Flatdesign 2D statt 3D, keine Schatten, WordArt, Spiegelungen …
K wie Kontrast	**Bei Farben, Bildern**
	▪ Schwarz-weiß bzw. sehr dunkel-sehr hell
	▪ Gerade auch bei Text auf Bildern
E wie Einfachheit	**Schnell erfassbar & verständlich**
	▪ Übersichtliche Gestaltung
	▪ Reduktion auf das Wesentliche

Starke Bilder für starke Emotionen

Gerade im Pitch ist es wichtig, die Entscheider:innen sowohl auf der rationalen als auch emotionalen Ebene zu erreichen.

Ihr glaubt, für einen Investor zählt letztlich nur die Rendite? Ein Trugschluss. Denn er investiert erst dann, wenn er an Euch und die Sache glaubt. Wenn er Eurem Ansatz eine Zukunft gibt. Wenn er gespürt hat, wie Ihr für die Sache brennt. Erst dann ist er bereit, das Risiko einzugehen.

Wenn Ihr bei einer Ausschreibung um den Auftrag pitcht, geht es immer auch darum, dass sich die Kundin bei Euch gut aufgehoben fühlt. Sie muss spüren, dass Ihr auf ihrer Seite seid und sie nicht über den Tisch ziehen wollt. Hier geht es also ebenfalls um Emotionen, denn zu diesem Zeitpunkt fehlen noch die Beweise.

Um die emotionale Ebene zu triggern, bietet es sich an, mit **starken Bildern** zu arbeiten. Vor allem dann, wenn Ihr Botschaften platzieren wollt. Bilder wirken unmittelbar in der rechten Hirnhälfte, die für Emotionen zuständig ist. Wehren kann man sich gegen diese Wirkung nicht.

Achtet darauf, dass die **Fotos natürlich rüberkommen** und nicht »stockig« sind. Viele Stockphotos aus den üblichen Bilderdatenbanken wirken gestellt und kühl. Diese Fotos emotionalisieren nicht – Ihr könnt getrost darauf verzichten.

Meidet vermeintlich witzige und niedliche Bilder, so etwa Comicfiguren und Tierfotos. Humor wird nicht immer von allen geteilt und vor allem zahlt Ihr damit nicht auf das Thema Professionalität ein.

Die Fotos sollten **bewegt** sein. Wählt daher eher die Sportlerin in Aktion als den Blumenstrauß, eher das tosende Meer als die stille See. Über Weltraumbilder, Sport- oder Abenteuerszenen werden starke Gefühlswerten initiiert, die der Betrachter mit Kraft, Power, Sieg/Niederlage, Freude, Hoffnung, Zukunft assoziiert.

> Bilder wirken stark, also seid achtsam bei der Auswahl. Vermittelt Größe, Kraft, Zukunft und Dynamik.

Fotos wirken übrigens nicht, wenn man sie im Briefmarkenformat neben Text stellt. Sie wirken dann, wenn sie mindestens eine Hälfte der Folie einnehmen oder noch besser **großflächig** auf dem gesamten Chart platziert sind.

Foto: Bruce Mars

Bei großflächigen Bildern setzt Ihr den Text direkt aufs Foto. Achtet hierbei aber auf die **Lesbarkeit**. Bei Bedarf zieht Ihr einen Balken für den Text.

> Macht es dem Hirn und dem Herz Eurer Leser:innen leicht. Nutzt immer wieder Bilder und Icons, um zu inspirieren, Lust zu machen, zu emotionalisieren und auch, um Eure Inhalte im Kopf der Zuhörer:innen zu verankern. So müssen sie nicht selbst Sprache in Bilder übersetzen, um sie zu verstehen und sich zu merken.

Es gibt unzählige **Bilderdatenbanken**, über die man Fotos rechtmäßig kaufen oder auch frei nutzen kann, so zum Beispiel:

- unsplash.com
- gratisography.com
- pixabay.com

Profis achten übrigens auch penibel auf Urheberrechte und Nutzungsbedingungen.

Wichtig ist, dass die Fotos eine **hohe Auflösung** haben. Es gibt kaum etwas Schlimmeres als verpixelte Fotos.

Es gibt mehr als Folien

Folien sind der Universal-Schraubendreher im Pitch-Werkzeugkasten. Andererseits heißt »universal« auch weitverbreitet und bekannt. Profi-Pitchwerker binden daher Videos oder Live-Demonstrationen in ihre Präsentationen ein – etwa von Softwareapplikationen oder Apps. Eine tolle Variante, um Aufmerksamkeit zu schaffen, Eure Idee anschaulich werden zu lassen und Euer Publikum zu begeistern. Die Videos müssen allerdings wirklich cool gedreht sein – das klassische Unternehmensvideo ist es meist nicht.

> Video und Applikationen müssen sicher laufen, sonst wird die Demonstration eher zur Falle. Wir haben schon viele Male erlebt, dass die Vorführung vor Ort dann plötzlich nicht mehr funktionierte, obwohl vorher mehrfach getestet.

Einige Pitcher setzen auch auf analoge Medien. Flip und Pinnwand wirken allerdings nur, wenn sie zeitgemäß und kontrolliert eingesetzt werden. Die »Wolke« und der »Leuchtturm« der 1990er-Jahre oder Hervorhebungen mit Pastellkreide funktionieren eher nicht (mehr). Eine **moderne Facilitator- oder Sketchnote-Visualisierung** hingegen kann ein richtiger Hingucker sein.

Zunehmend arbeiten Pitch-Profis auch mit Tools wie Miro, Mural, Conceptboard, Canva, ... Mehr Technologie kann zwar mehr beeindrucken, birgt aber auch mehr Risiko. Wenn Ihr sie nutzt, solltet Ihr gut geübt und firm darin sein. Und: Das Tool muss wirklich einen Mehrwert bieten und Euer Konzept unterstreichen, sonst lenkt es eher von den Inhalten ab.

Die Performance

Jetzt geht's richtig los. Ihr habt Eurem Konzept den letzten Feinschliff verpasst, Eure Pitchstory entwickelt, eine brillante Präsentation gebaut. Der Pitchtermin naht ... Nun seid Ihr gefordert, Euer tolles Konzept auch beeindruckend zu performen. Es geht schließlich um alles oder nichts.

In diesem Kapitel erfahrt Ihr unter anderem,

- wie Ihr Euch mithilfe von Profi-Strategien optimal vorbereitet,
- warum begleitetes Vorlesen gar nicht geht,
- wie Ihr Euer Publikum nicht nur überzeugt, sondern begeistert.

Wir brauchen Expertise, Mut und Leidenschaft

Was Kunden, was Investoren erleben wollen, ist einerseits Kompetenz – mehr noch: **Expertise**. Wem will man schon sein Geld anvertrauen, wenn das Konzept wenig durchdacht und wacklig wirkt?

Aber das alleine – und es ist wahrlich schon viel – reicht nicht. Was Eure Entscheider:innen gleichzeitig erleben möchten, sind **Begeisterung** und **Leidenschaft**. Als Kundin wünsche ich mir einen Anbieter, der bereit ist, die Extrameile zu gehen. Weil er von der Sache überzeugt ist, weil er Ambitionen hat, weil er für mich das Beste herausholen will. Als Investor suche ich nach Gründer:innen, die sich von den ersten Hürden nicht abschrecken lassen. Die so brennen, dass sie mit viel Engagement – und in der Startphase meist geringem Lohn – die Idee und das Geschäft vorantreiben.

Und natürlich braucht Ihr als Pitchteam **Mut**. Mut zu zeigen, was Euch von anderen abhebt. Mut, sich auf das wirklich Relevante zu fokussieren. Ohne Mut bleibt Ihr blass.

Diese Begeisterung, diese Leidenschaft zielführend zu vermitteln braucht Vorbereitung. Viele Pitchteams basteln bis zum letzten Moment an den Folien oder der Live-Demo. Und nehmen sich keine Zeit, um das Präsentieren selbst zu proben, das heißt, den Vortrag immer wieder durchzuspielen und weiter zu optimieren, bis alles wirklich sitzt. Bis jeder einzelne von Euch überzeugend und begeisternd performt und Ihr als Team insgesamt beeindruckt, jeder in seiner Rolle wahrnehmbar ist und das Zusammenspiel gekonnt leichtgängig wirkt.

> Jeder Profi, ob Keynote-Speakerin, TED Talker, Vorstand, Bundestagsabgeordnete, Schauspieler, probt seinen Auftritt. Nicht nur einmal, sondern so lange, bis er natürlich rüberkommt. Nur der Laie stolpert naiv in den Vortrag und glaubt, ohne Proben überzeugen zu können.

Über den legendären Steve Jobs wird gesagt, dass er für jede Stunde Keynote-Präsentation selbst 100 Stunden Aufwand investiert hat. Seine Inszenierungen waren auf die Minute getaktet und wirkten gerade dadurch so frei und natürlich. Hervorragende TED Talker spielen ihre Rede 30-, 40-fach und mehr durch. Ihr seid hier also in guter Gesellschaft.

Heute darf man auf der Bühne übrigens viel mehr als noch vor zehn Jahren. Damals war für die Präsentationsperformance genau vorgeschrieben: Füße hüftbreit, beide Beine fest auf dem Boden, Hände auf Bauch- bis Brusthöhe gestikulierend, Blick gleichmäßig über das Publikum schweifend. Wortwahl: einer akademischen, auf jeden Fall deutschen Bildungssprache entsprechend. Jedes »emmmh«, jeder Halbsatz glich einer halben Katastrophe.

Und nun schaut Euch die heutigen Redner:innen an bis hin zu den Vorständen. Die meiste Wertschätzung und den höchsten Effekt fahren diejenigen ein, die **wirklich in Kontakt mit ihrem Publikum** kommen. Die **nahbar**, als **Person fassbar** sind.

Bleibt in Eurer Natürlichkeit. Die Zeiten maskenhaft antrainierter Gestik sind vorbei. Die Zuhörer wollen Euch trauen können, wollen Euch glauben. Dazu braucht es Authentizität. Was aber nicht heißt, dass man sich ungute Marotten und Ticks nicht abgewöhnen sollte. Es schadet auch durchaus nicht, seine Körpersprache ein wenig zu optimieren.

Zur Nahbarkeit gehören eine **natürliche Gestik und Mimik** sowie eher eine **Alltagssprache** (nicht Umgangssprache!). Da darf sich mal ein »emmh« einschleichen oder ein unfertiger Satz. Wir reden heute wie in einem normalen Meeting – durchaus in einer Business-Sprache, aber eben nicht gestelzt.

Heutige Präsentator:innen bewegen sich auch wie im Berufsalltag: Unsere Zuschauer:innen möchten eine Person und Persönlichkeit und keinen braven Roboter erleben. Wir haben schon so manchen beeindruckenden Sprecher mit Hand in der Hosentasche über die Bühne tigern sehen … früher undenkbar, heute akzeptiert. Einzige Voraussetzung: Man muss wirklich etwas zu sagen haben!

> Heutige Präsentatoren performen lebendig, natürlich, nahbar. Ein ganz wesentliches Detail überzeugender Performances: Das, was Ihr sagt, darf nicht abgelesen und auswendig gelernt klingen. Ihr redet frei!

Begleitetes Vorlesen? Geht gar nicht!

Das Folien-Vorlesen ist heute absolut verpönt. Nicht nur, weil es Euer Publikum langweilt, sondern vor allem, weil Vorlesen das

Vertrauen in Eure Kompetenz untergräbt. Wie gut kennt Ihr Euch wohl aus, wenn Ihr Euer eigenes Geschäftsmodell, die eigene Marketingstrategie, das eigene Produkt vorlesen müsst?

Foto: unsplash.com/@nci

Vor einigen Jahren haben wir auf einer großen Tagung einen Professor erlebt, der einen Live Achievement Award, den Preis für sein Lebenswerk, erhielt. Wir erwarteten ihn voller Vorfreude. Der Professor betrat die Bühne ... der Saal wurde still, der Vortrag startete. Sein Assistent klickte die Folien durch – klar strukturierte, durchnummerierte Charts, mit viel Text und jeder Menge Bulletpoints. Informativ, aber nicht wirklich attraktiv.

Nun las die Koryphäe Satz für Satz, Punkt für Punkt vor. Das Publikum wurde unruhig, das Gemurmel steigerte sich. Die ersten gingen. Draußen an den Kaffeetischen wurde getuschelt, ob der Redner mittlerweile vielleicht dement sei, da er sein eigenes Lebenswerk nicht frei erzählen könne. Tragisch!

Wie wenig überzeugend, gar traurig wäre es, wenn Ihr Euer Konzept ablesen müsstet?

> Bereitet Euch auf jeden Fall so gut vor, dass Ihr Eure Story frei erzählen könnt.

Gute Vorbereitung zahlt sich aus – doch was ist gut?

Als Vorbereitung auf die Performance klicken die einen die Folien immer wieder durch und überlegen bei jeder Folie, was sie dazu sagen würden. Andere schreiben einen kompletten Text dazu und lernen ihn quasi auswendig. Wieder andere notieren sich Stichpunkte.

Jedes Vorgehen hat seine Falle: Durchformulierte und auswendig gelernte Texte mögen auf dem Papier wirken, aber nicht beim Reden. Beim Vortrag kommen sie eher hölzern oder gestelzt rüber. Und: Die Präsentatoren wirken in ihrer Performance häufig nach innen gekehrt und maskenhaft – sie lesen quasi in Gedanken den Text ab. Das geht zu Lasten der Präsenz und des Kontakts zum Publikum. Redner mit dieser Technik kommen übrigens häufig aus dem Konzept, wenn sie merken, dass sie einen Satz vergessen oder eine geniale Formulierung nicht genutzt haben.

Die Arbeit mit dem Notizfeld im PowerPoint-Template verleitet dazu, während des Vortrags immer wieder auf das Notebook zu schauen statt ins Publikum. Genauso problematisch ist der häufige Blick auf die Leinwand – Ihr verliert dann den notwendigen Kontakt zum Publikum.

Wie kommt Ihr also zur souveränen, freien Rede?

Strategien von Pitch-Profis

Der Vortrag muss einfach so gut sitzen, dass Ihr ihn frei vortragen könnt. Seid beruhigt, Euer Handwerkskoffer für die optimale Vorbereitung ist schon ziemlich voll: Ihr kennt Euer Konzept in- und auswendig, Ihr habt wochen-, monate-, vielleicht sogar jahrelang daran getüftelt. Ihr habt Euch auf den Pitch vorbereitet, kennt Euer Ziel und das Erkenntnisinteresse Eurer Zielgruppe. Ihr wisst um Eure Hauptbotschaften und die Abfolge der Talking Headlines. Ihr habt intensiv an den Folien gebaut. Ihr habt nach dieser Vorarbeit mit Sicherheit Eure Geschichte im Kopf! Ihr habt also alles, was Ihr inhaltlich braucht. Nun fehlt nur noch ein konsequenter **Dreisprung:**

1. Geht – wie gewohnt – die Präsentation am Notebook oder PC durch. Macht Euch bei Bedarf zunächst eure Notizen. Legt schon jetzt viel Wert auch auf die Folienübergänge. Eine gute Geschichte zeichnet sich unter anderem dadurch aus, dass die Inhalte der Folien in Zusammenhang zueinander gesetzt werden und ein Gesamtbild ergeben.

2. Danach: Tragt Eure Präsentation **laut** vor. Das ist wichtig, denn erst dann merkt Ihr, wo Ihr stolpert. So mancher Satz liest sich zwar wunderbar, spricht sich aber schlecht.

3. Und schließlich: Wenn Euch Eure Geschichte einigermaßen klar ist und sie schon ziemlich rundläuft, dann geht **ohne Euren Foliensatz** spazieren. Erzählt Euch Eure Geschichte laut im Gehen. Erzählt sie ruhig immer wieder ein bisschen anders – das erhöht Eure Flexibilität. Ihr werdet dann in der Präsentation sehr souverän weitererzählen können, auch wenn Ihr mal einen Punkt vergessen habt.
   Das Sprechen im Gehen schafft einen guten Rhythmus. Aus der Suggestopädie – einer Lernmethode, die sich der Erkenntnisse aus den Neurowissenschaften bedient – weiß man, dass Wissen mit Bewegung besser verankert und erinnert wird.

Macht Euch mit der **Nutzenargumentation** vertraut. Argumentiert weniger, was Ihr tut, als vielmehr, was der Kunde (oder dessen Kunde) davon hat.

Geht immer wieder in die **Sie-Ansprache**.

BEISPIELE:

»Um die beste Usability für **Ihre Mitarbeiter:innen** zu erreichen, …«,

»Um **Ihre Zielgruppe** möglichst effizient anzusprechen, …«,

»Damit **Sie** stets im Bilde sind, haben wir ….«

Wenn Ihr an bestimmten Stellen immer wieder hängenbleibt, ist das meist ein untrügliches Zeichen, dass hier die Story noch nicht stimmt. Manchmal fehlt eine Folie oder es ist eine zu viel. Vertraut Eurem Gefühl und feilt nochmal an der Geschichte.

Noch einmal: Es geht um alles oder nichts. Plant also genügend Zeit ein und übt so lange, bis Ihr Eure Story wirklich **im Schlaf aufsagen** könnt. Denn dann braucht Ihr Euch im Pitch selbst nicht mehr darauf zu konzentrieren, WAS Ihr sagen wollt. Ihr könnt Euch ganz auf das WIE fokussieren, auf Eure Begeisterungsfähigkeit und den bestmöglichen Kontakt zu Euren Zuhörern.

Plant **genügend Zeit** zwischen dem Üben und dem Pitch ein, damit die Story sacken kann und Ihr Euch nicht auf den letzten Metern unnötig nervös macht.

Das Lampenfieber steigt

Der Pitchtermin ist da. Ihr wartet im Foyer, dass Ihr gleich reingerufen werdet. Ihr seid – hoffentlich! – nervös. Denn: **Lampenfieber ist gut.** Ein gewisses Stresslevel macht uns aufmerksamer, wacher, präsenter. Wir sind bei Aufregung nahezu immer besser als in einem gelassenen Zustand – oder kennt Ihr Sportler, die im Training besser performen als unter Wettkampfbedingungen? Denn bei Stress wird Adrenalin ausgeschüttet, und das bringt unseren Körper in den maximal leistungsfähigen Zustand.

Wichtig ist, dass Ihr das für Euch **richtige Stresslevel** erreicht. Den einen hilft Smalltalk, die anderen benötigen Ruhe, wieder andere brauchen Bewegung oder eine Atemübung. Macht, was Euch guttut, und nehmt als Team Rücksicht aufeinander.

Vielen hilft auch das sogenannte **Powerposing** kurz vor dem Auftritt. Es funktioniert ganz einfach: Nehmt selbstbewusste, kraftstrotzende Posen ein. Macht es wie Boxer:innen, die ausladend schattenboxend und tänzelnd in den Ring einlaufen. Oder wie Cowboys, die sich vor dem Duell breitbeinig aufstellen, die Arme weit abgewinkelt. Diese raumgreifenden Bewegungen schütten bereits nach einigen Minuten ein Hormon im Hirn aus, das positiv auf das Selbstvertrauen wirkt. Probiert es aus.

Ab auf die Bühne!

Nun werdet Ihr reingerufen. Denkt daran, dass Ihr bereits beim Eintreten und Anschließen der Technik einen **ersten Eindruck** vermittelt. Ihr wirkt schon jetzt.

Sucht Euch zum Start der Präsentation Euren »**Standpunkt**«, einen Platz, an dem Ihr Euch wohlfühlt. Achtet auf jeden Fall darauf, dass **jeder im Publikum** stets **freien Blick** auf den Screen oder die Leinwand hat.

Klar helfen nun eine **aufrechte Haltung** und eine **gute Artikulation,** das müssen wir hier sicher nicht mehr betonen. Beides solltet Ihr bereits im Vorfeld ausreichend geprobt haben.

Ihr dürft und solltet Euch während der Präsentation durchaus bewegen. Wichtig ist jedoch, dass die **Bewegungen Sinn** machen.

BEISPIEL: BEWEGEN

Ihr geht zum Screen und zeigt dort etwas. Dann kehrt Ihr wieder auf Euren »Standpunkt« zurück. Ihr wollt Nähe schaffen, etwas unterstreichen? Geht auf das Publikum zu.

Die einzige Bewegung, die Publikum nicht verzeiht, ist Tänzeln auf der Stelle bzw. Rumhampeln, weil es eher nervös und fahrig wirkt.

Ganz wichtig: **Schaut Euer Publikum an – und zwar wirklich**. Lasst den Blick nicht einfach nur schweifen, wie es früher geschult wurde. Schaut den Menschen in die Augen, beobachtet ihre Reaktionen. **Holt Euch ständig Feedback**, ob sie noch neugierig zuhören, ob Ihr Fragezeichen oder Skepsis seht. Nur so seid Ihr im Kontakt mit Eurem Publikum und erhaltet Hinweise, wo Ihr vielleicht noch einen Satz mehr erläutern oder Aspekte weglassen solltet. Ihr könnt Euch diese Aufmerksamkeit leisten, weil Ihr Eure Story in- und auswendig kennt und sie im Schlaf runterbeten könnt.

Immer wieder wird empfohlen, man solle sich jemanden suchen und anschauen, der einem aufmunternd zunicke. Wir raten Euch davon ab. Im Gegenteil: Achtet darauf, dass Ihr **zu wirklich jedem im Raum** Blickkontakt habt. Im Pitch ist es besonders fatal, wenn sich jemand übersehen und damit als unwichtig abgestempelt fühlt.

Wenn Ihr frei erzählt und Euch dabei auch noch natürlich bewegt und gestikuliert, **betont** Ihr mit hoher Wahrscheinlichkeit ausreichend.

Natürlich könnt Ihr zur Unterstreichung Eurer Inhalte **bewusst Gesten einsetzen**, so zum Beispiel bei Gegensätzen (auf der einen – der anderen Seite, Handzeichen links/rechts), bei Aufzählungen (an Fingern abzählen), Zustimmung (Daumen hoch). Bleibt aber in der Natürlichkeit, vermeidet Theater.

Achtet auf eine gute **Team-Performance**. Spielt bewusst und klug mit Eurer Unterschiedlichkeit. Achtet darauf, dass keiner der anderen die Show stiehlt – das passiert leider oft im Eifer des Gefechts.

Haltet die Spannung aus, wenn Ihr das letzte Slide – Eure **Schlussbotschaft, den Call to Action** – präsentiert habt. Lasst die Botschaft auf Euer Publikum wirken. Schaut mit Ruhe in die Runde, wartet auf den Applaus, einen Dank, einen Kommentar oder auch die erste Frage.

Tempo wirkt kompetent

Immer wieder wird geschult, dass Präsentatoren langsam reden sollen, damit auch jeder alle Informationen mitbekommen und verarbeiten kann. Ihr wirkt jedoch gekünstelt und starr, sobald Ihr versucht, Euch in Eurem natürlichen Sprechtempo zu bremsen. Wie soll dann Eure Leidenschaft rüberkommen?

Studien zeigen immer wieder, dass ein **höheres Sprechtempo durchaus kompetenter** wirkt. Ihr solltet jedoch nicht ohne Punkt und Komma reden. Denn dann werdet Ihr unverständlich, die Zuhörer:innen kommen nicht mehr mit und im Zweifel wirkt Ihr sogar gehetzt. Sprecht bewusst die Satzzeichen. Haltet bei einem Komma kurz inne und erst recht bei einem Punkt.

Redet stets ganz bewusst zu denjenigen, die ganz hinten im Raum sitzen. Dann stimmt Eure Lautstärke und jeder kann Euch gut verstehen.

> Schneidet Euren Vortrag bei der Vorbereitung mit. Das geht heute ja ganz einfach mit der Memofunktion des Smartphones. Wenn Ihr den Mitschnitt anhört, vertieft Ihr zum einen den Vortrag, zum anderen erlebt Ihr selbst, wo Ihr zu schnell oder ohne Pausen sprecht.

Nach der Leidenschaft kommt der Beweis

Achtet darauf, dass Euer Vortrag **lebendig, engagiert, frisch** ist. Erlaubt Euch, Eure Begeisterung für den Kunden, die Marke, das Produkt, Eure Lösung zu zeigen. Mit dem ganzen Körper, Eurer Mimik, Eurer Gestik. Und achtet gleichzeitig darauf, dass der Vortrag nicht zu einer Entertainment-Veranstaltung verkommt.

Es gilt, gleichermaßen **Begeisterung und Leidenschaft** wie auch **Expertise und Ernsthaftigkeit** unter Beweis zu stellen. Werdet ernsthaft, ruhig oder auch »besorgt«, wenn es um das Problem und die Konsequenzen geht. Zeigt Begeisterung und

Dynamik bei der Darstellung Eurer Lösung und Eures Geschäftsmodells. Wie schreibt der Start-up-Coach David Beckett so wunderbar in seinem Buch »So gewinnt man jeden Pitch«: Nach der Leidenschaft kommt der Beweis!

Chance und Risiko: die Fragerunde

Bei jedem Pitch gibt es den Part »Q & A«, Questions and Answers, in dem die Zuhörer:innen Fragen stellen können. Viele Pitcher:innen rechnen hier damit, kritisch hinterfragt und auseinandergenommen zu werden. Doch geht erst einmal von einem positiven, zugewandten und neugierigen Publikum aus. Die Entscheider:innen wollen Euer Potenzial, Eure Stärken erkennen. Sie haben selten die Intention, Euch zu zerfleischen.

Natürlich haben sie Fragen, um eine fundierte und bestmögliche Entscheidung treffen zu können. Wenn Ihr Euch in der Pitchvorbereitung intensiv mit Eurem Gremium auseinandergesetzt habt, könnt Ihr auch ziemlich gut phantasieren, wer zu welchen Punkten Fragen haben wird. Darauf könnt und solltet Ihr Euch vorbereiten. Die meisten Fragen sind aus Zuhörerperspektive absolut berechtigt und nachvollziehbar. Nehmt und beantwortet sie dieser Haltung entsprechend – klar, konstruktiv, wertschätzend. Fühlt Euch weder angegriffen noch infrage gestellt. Im Gegenteil: Nichts könnte besser sein als ein wahres Fragefeuerwerk. Denn das bedeutet, dass Ihr die Zuhörer:innen wirklich neugierig gemacht habt. Wäret Ihr schon abgeschrieben, würde sich keiner mehr die Mühe machen, noch Fragen zu stellen …

Der Wettbewerbspitch: Das beste Angebot gewinnt

Bis hierher habt Ihr eine Menge Grundsätzliches zum Pitchen erfahren. Hier geht es nun speziell um Pitchpräsentationen im Rahmen von Ausschreibungen – meist für Agenturen, Dienstleister oder IT. Sie laufen fundamental anders als zum Beispiel Investorenpitches für Start-ups.

In diesem Kapitel erfahrt Ihr unter anderem, wie Ihr

- Euch von Euren Wettbewerbern abheben könnt,
- konsequent vom Kunden her denkt und agiert,
- durch eine gute Choreografie und das notwendige Pitchtheater bestecht.

Wettbewerbs- versus Investorenpitch: die Unterschiede

Wettbewerbspitches unterscheiden sich fundamental von Investorenpitches. Warum? Beim Investorenpitch konkurrieren Startups mit ihrer jeweils einmaligen Produktidee um die finanzielle Unterstützung durch Kapitalgeber. Die Produkte und Konzepte unterscheiden sich stark voneinander. Die vielversprechendsten Geschäftsideen werden gefördert, das heißt, die beste Idee gewinnt.

Anders beim Wettbewerbspitch: Hier siegt das beste Angebot. Der potenzielle Kunde definiert selbst eine klare Aufgabenstellung, wie etwa »IT-Infrastruktur für Bereich XY« oder »Marketingstrategie für Produktlaunch …«. Er lädt verschiedene Anbieter ein, die besten Lösungen für diese konkrete Herausforderung zu entwickeln. Hier gewinnt das beste Angebot – bezogen auf das Konzept und in hohem Maße auch den Preis.

Der Hintergrund: Unternehmen und öffentliche Institutionen sind häufig verpflichtet, Aufträge ab einer gewissen Summe auszuschreiben. Damit soll vermieden werden, dass die Stamm-Dienstleister automatisch immer wieder – unkontrolliert und fachlich/preislich vielleicht auch gar nicht mehr berechtigt – beauftragt werden. Nicht zuletzt bietet sich dieses Verfahren an, um über die Konkurrenzsituation das beste Preis-Leistungs-Verhältnis und relevante Rabattierungen zu erzielen.

In kreativen Umfeldern – etwa bei Agentur- oder auch Architekten-Pitches – sehen die potenziellen Auftraggeber im Pitch diverse innovative Ideen und spannende Konzepte. Impulse, die in die endgültige Umsetzung einfließen, auch wenn sie im Zweifel von einem anderen Anbieter stammen. Hier gibt es seit Jahren eine kritische Diskussion, zumal die Entwürfe und Konzepte selten honoriert werden, der Invest an Personalressourcen für die Agenturen aber häufig immens ist. Ohne Pitches hätte der Anbieter jedoch keine Chance.

Nur brav und fleißig sein reicht nicht

Der größte Unterschied zum Investorenpitch ist, dass alle Wettbewerber:innen dieselbe Aufgabe bzw. dasselbe Briefing erhalten. Einerseits seid Ihr damit verpflichtet, Eure Hausaufgaben zu machen und die geforderten Aspekte abzuarbeiten. Gleichzeitig müsst Ihr Euch von der Konkurrenz abgrenzen und etwas Besonderes liefern, um zu gewinnen:

- ein **exzellentes Konzept, eine kreative Idee**, die über das Geforderte hinausgeht und es auf eine nächste Stufe hebt.
- ein **engagiertes Service-/Betreuungspaket**, das Kundenzentrierung, Partnerschaftlichkeit und Sicherheit vermittelt.
- ein **kompetentes, begeistertes Team** mit starker Performance
- und ganz wichtig: ein **attraktives Honorar-/Preisangebot**.

> Die Herausforderung ist, im Wettbewerbsumfeld den Unterschied zu machen. Und zwar dort, wo es für den Kunden am relevantesten ist.

Die Latte liegt hier also ziemlich hoch. Der Wettbewerbsdruck ist enorm, der Preis spielt meist eine große Rolle. Gleichzeitig ist der ausgeschriebene Auftrag aufgrund des meist recht hohen Auftragsvolumens für den Anbieter wirtschaftlich sehr interessant und/oder imageträchtig. Im Agenturumfeld wird zum Beispiel viel darüber gesprochen, wer gerade welchen Etat gewonnen oder verloren hat. Herbe Verluste wie überraschende Gewinne haben nicht nur Auswirkungen auf die jeweilige wirtschaftliche und insbesondere personelle Situation der Agentur, sondern auch auf das Standing bei den nächsten Pitches.

Entscheidend: tief ins Briefing eintauchen

Das Briefing ist die entscheidende Grundlage für das Angebot. Hier lohnt es sich, sehr, sehr genau zu lesen, was die Must-haves und die Nice-to-haves sind. Reflektiert das Briefing intensiv im Team.

Wir erleben immer wieder, dass beim Lesen direkt schon Ideen sprudeln, was man da jetzt machen und anbieten könne. Bremst Euch zu diesem Zeitpunkt aber noch und versucht erst einmal in der **Tiefe zu verstehen, was den Kunden treibt** und was eigentlich sein Problem ist. Allein das kann zu einem Wettbewerbsvorteil werden. Ihr erinnert Euch: Keine Lösung ohne ein Problem!

Wichtige Fragen in dieser Phase

- Was ist der **Anlass** für die Ausschreibung? Warum kommt sie **gerade jetzt**?
- Wo hat der Kunde **Leidensdruck**? Was ist sein **Problem**?
- Was will er **erreichen**? Was ist sein **Ziel**, gar seine **Vision**?
- Was sind **Pain & Gain** des Kunden auf Unternehmens-, Marken-, Bereichsebene?
- Was ist ihm besonders **wichtig**? Was weniger?

Und weiter auf einer anderen Ebene:

- Wer sind die **wichtigsten Stakeholder**? Wie sind sie – auch zueinander – **positioniert**?
- Wer sind die **Entscheider**? Was treibt sie? Wer ist wichtiger **Meinungsmacher**?
- Wer muss/will sich mit dem Projekt **profilieren**? Und für wen ist es eher **kritisch**?
- Wen gilt es noch zu **berücksichtigen**?

Checkt im Verlauf der Konzeptentwicklung immer wieder, ob Ihr die genannten Anforderungen auch bedient. Selbst wenn sie anfangs klar waren, rutschen manchmal im Flow der Kreativität wichtige Aspekte aus dem Bewusstsein. Die meisten Pitchteams haken deswegen das Briefing systematisch ab. Und das ist auch wichtig.

Diskutiert intensiv,

- **welche Aspekte der Ausschreibung in welcher Tiefe** zu behandeln sind,
- wo Ihr besonders **viel Energie** reinstecken wollt, weil Ihr die Chance seht, eine **bessere Idee als der Wettbewerb** zu entwickeln und damit Eure Gewinnchance zu erhöhen, und
- was Ihr eventuell **vernachlässigen** könnt.

Natürlich müsst Ihr die Standardanforderungen abarbeiten – bei Marketingpitches so etwas wie Zielgruppenanalyse, Budgetableitung etc. Würde man Euch diese »**Hausaufgaben**« nicht zutrauen, wärt Ihr gar nicht zum Pitch eingeladen worden. Manchmal reicht es, die Kompetenz in diesen Punkten nur exemplarisch darzustellen, um Raum und Zeit für das Wesentliche zu haben.

> Konzentriert Euch auf das, wo Ihr den Unterschied macht, mit einem neuen Ansatz, einer anderen Interpretation, einer coolen Idee. Setzt für Euch und den Kunden die Basics als selbstverständlich voraus.

Eventuell findet Ihr bestimmte Anforderungen aus dem Briefing irrelevant oder gar falsch oder unrealistisch. Ihr könnt Euch durchaus entscheiden, diese Aspekte nicht zu bedienen. Wichtig ist dabei, dass Ihr es bewusst tut, eine fundierte Begründung zur Hand habt und Euch des damit verbundenen **Risikos** bewusst seid. Gleichzeitig eröffnet Ihr Euch damit häufig auch **Chancen**: weil Ihr Euch als bedeutsamer Sparringspartner positioniert, weil Ihr Fehlinvestitionen meidet, weil Ihr stattdessen eine andere Idee ins Spiel bringt. Häufig zahlt sich Mut hier durchaus aus.

Oft verlangen Kunden, dass Ihr die Präsentationen im Vorfeld des eigentlichen Pitches hochladet. Diese Variante muss dann wirklich alle Aspekte abarbeiten – nur für die Pitchpräsentation selbst könnt und solltet Ihr dann fokussieren.

Wer sitzt denn da?

Meist ist in den Ausschreibungsunterlagen benannt, wer als Gremium bei der Pitchpräsentation in welcher Funktion dabei sein wird. Ich bin immer wieder erstaunt, wie selten die wichtigen Player von den Pitchteams gegoogelt werden. Dabei sind sie die **Entscheider:innen**.

> Je mehr ich schon im Vorfeld über mein Publikum weiß, umso besser kann ich mich auf dieses einstellen und die Argumentation zielführend aufbauen.

Ihr erinnert Euch: Entscheidungen werden emotional getroffen und rational begründet! Tut also alles dafür, Euer Publikum für Euch einzunehmen.

BEISPIEL: DER VERSICHERUNGS-PITCH

Wir erinnern uns an einen Pitch für eine klassische Versicherung, die sich ein zeitgemäßeres Logo und Corporate Design wünschte, das sowohl auf den Broschüren und Geschäftspapieren wie auch auf der Website und den digitalen Kanälen funktionieren sollte. Der Logoentwurf der Agentur war wirklich gelungen. Das Design wurde von der Geschäftsausstattung über Give-aways bis hin zur Website – auf Desktop, Notebook, Tablet und Smartphone – dargestellt. Ein attraktives Rundum-Paket … Erst im Pitchcoaching wurde deutlich, dass sich bisher keiner mit der Auftraggeberin auseinandergesetzt hatte. Alle wussten nur, dass die Marketingleitung vor einem Jahr neu mit einer Dame besetzt worden war und sie die Ausschreibung veranlasst hatte.

Durch die Personenrecherche wurde dann transparent, dass die Versicherung bewusst eine neue Leitung mit Online- und Digital-Fokus rekrutiert hatte. Die jetzige Marketingleiterin war vorher bei einer reinen Online-Versicherung tätig gewesen und hatte zudem mehrere Artikel zur digitalen Customer Journey veröffentlicht. Das Thema »digitale Performance« bekam damit ein völlig neues Gewicht.

Statt die klassische Geschäftsausstattung in den Fokus zu stellen und anschließend die digitale Skalierbarkeit bis hin zum Handy zu zeigen, drehte die Agentur die Pitchstory um. Sie startete mit dem kleinsten Device: der Smartwatch. Sie zeigte, wie das neue Logo bereits hier seine Wirkung entfalten würde. Danach skalierte sie von klein nach groß statt umgekehrt. Sie entwickelte auf dieser Basis eine stringente Customer Journey, von der Recherche eines Interessenten im Internet über das Tablet, die anschließende E-Mail- und Chat-Korrespondenz mit der Versicherung bis hin zum Versand attraktiver Vertragsunterlagen. Sie verstand die Marketingleitung und: gewann den Pitch!

Also: Kniet Euch rein, **denkt vom Kunden her** – vom Unternehmen, der einzelnen Marke, den beteiligten Personen. Je mehr Ihr versteht, desto größer Eure Chancen.

Erzählt dem Kunden nicht, was er schon weiß

Im Rahmen der Pitchvorbereitung analysiert Ihr stets die aktuelle Situation beim Kunden – die bestehende IT-Infrastruktur, den Markt, die Wettbewerber, die Zielgruppe des Marketingkunden, die Organisationsstruktur und Prozesse des Beratungskunden. Und da Pitchpräsentationen ja häufig mit der Darstellung des Problems starten, werden genau diese Analyseergebnisse dann in aller Breite dargestellt.

Die Analysen sind für die Entwicklung adäquater Konzepte natürlich dringend notwendig. Hier lauert allerdings auch eine Stolperfalle. Sie tut sich auf, wenn die Präsentatoren dem Kunden plötzlich seine Marke und seinen Markt, seine Struktur und Prozesse erklären, als ob er ein fremder Dritter wäre. Das hört sich dann so an: »Ihre Marke richtet sich vor allem an eine Zielgruppe von …«, oder: »Aktuell sind bei Schmidt die IT-Komponenten XYZ verbaut.« Und der Kunde sitzt da und denkt: »Was erzählen die mir denn? Wer weiß das denn besser als ich? Womit verschwenden wir hier wertvolle Zeit? Hält er uns für dumm?« Ganz gefährlich!

Besser ist es, Ihr beschreibt, welche neuen Erkenntnisse Ihr erforschen konntet, wie etwa: »In der tiefergehenden Analyse Ihrer bekannten Zielgruppe der Frauen zwischen 20 und 35 mit einem Nettohaushaltseinkommen von … Euro zeigte sich in einer aktuellen Studie eine bedeutsame Veränderung: …« Erst dann und nur dann wird es für Eure Zuhörer:innen spannend.

Gleiches gilt für das Briefing. Wie viele Präsentationen starten mit »Sie haben gebrieft: …«, oder: »Ihr Auftrag war …«, oder: »Sie haben sich gewünscht …« Der nachvollziehbare Gedanke dahinter ist, alle nochmal ins Boot zu holen und gemeinsam auf das Thema einzuschwören. Lasst uns davon ausgehen, dass bei Pitches die entscheidungsrelevanten Zuhörer:innen sehr wohl wissen, was sie gebrieft haben. Genau diese verliert ihr dann.

Denkt an das Prinzip des Hot Starts (vgl. das Kapitel »Überzeugen mit klaren Botschaften und einer spannenden Storyline«) –

dann kann Euch so etwas nicht passieren. Ihr könnt durchaus auf der Metaebene über das Briefing sprechen: »Für uns war ein ganz wichtiger Aspekt in Ihrem Briefing die sehr spitze Definition der Zielgruppe – fordernd und inspirierend zugleich.«, oder: »Deutlich wurde im Briefing einerseits die sehr solide und umsichtig aufgebaute IT-Infrastruktur und gleichzeitig starke Zukunftsorientierung Ihres Unternehmens mit der Anforderung an Flexibilität und niedrigschwelligen Schnittstellen.« In dem Moment, wo Ihr Euch **zu den Inhalten positioniert** und ihre **Bedeutung für Euch** bewertet, erzählt Ihr etwas über Euch und damit etwas Neues. Das wiederum ist spannend für die Zuhörer.

Bereitet den Einstieg gut vor. Hier zeigt Ihr deutlich Eure Kundenphilosophie und Eure Positionierung. Hier wird klar, ob Ihr unterwürfiger Dienstleister, Besserwisser oder Partner an der Seite des Kunden seid.

Rockt die Bühne – am besten gemeinsam

Bei Pitches präsentiert Ihr fast immer zu zweit, dritt oder gar fünft. Je nachdem, wie viel Expertise gebraucht wird und Rollen im Projekt besetzt werden müssen.

Bei großen Pitches sind eigentlich immer die Geschäftsführung und/oder Bereichsleiter:innen dabei. Der Kunde erwartet das als Zeichen des Respektes und der Wichtigkeit des Auftrages. Hinzu kommen der Vertrieb oder New Business Management, die in der Regel den Kontakt zum Interessenten gestiftet haben und die bisher die einzig bekannten Gesichter für den Kunden sind. Sie eröffnen und schließen häufig auch die Präsentation.

Weitere wichtige Rollen im Pitchteam sind der Team- bzw. Projektleiter und dann die verschiedenen Expert:innen für Hard- bzw. Software, Netzwerke oder für die Kreation und Media oder für die einzelnen Brands etc.

Wichtig ist, dass das Team hinsichtlich des Zieles (vgl. Kapitel »Vom Ende her denken«) gut gemeinsam aufgesetzt ist und dass alle an einem Strang ziehen.

Profis **rehearseln gemeinsam** vor dem Pitch, und das nicht nur einmal. Das heißt, sie präsentieren zusammen die Story durch, als ob sie in der realen Präsentationssituation wären. So gewährleisten sie, dass die Geschichte für alle klar ist, Übergänge passen, die Schwerpunktsetzungen aufeinander abgestimmt sind und das Team auch wirklich als Team wirkt.

Spielt bewusst mit der **Unterschiedlichkeit Eurer Teammitglieder**. Nicht jeder muss ein Entertainer sein, aber bei jedem sollte man Expertise, Engagement und Begeisterung erleben. Die eine zeigt es durch ihre Lebhaftigkeit und bildhafte Sprache, der andere vielleicht eher leise, ruhig und mit inhaltlicher Präzision. Niemand sollte sich verbiegen. Aber alle sollten natürlich das Maximale geben.

Es gibt den Begriff der **Orchestrierung**: Hier geht es darum, ähnlich wie bei einem Orchester, ein optimales Zusammenspiel zu gestalten. Oft ist es klug, einen sehr lebendigen Part mit einem ruhigeren, sachlicheren zu rahmen, um dann wieder Fahrt aufzunehmen. Reflektiert, welche Reihenfolge für Euch zielführend ist – zum einen für die Inhalte, aber auch für die Performance der Präsentierenden. Manchmal macht es Sinn, Parts zu tauschen.

Einige Pitchteams stimmen sich auch ab, **wer vom Team wen im Auditorium »bedient«**: der Projektmanager die Einkäuferin, die Geschäftsführerin den Auditor bzw. Vorstand des Kunden, der Experte die IT-Leiterin, …. Meist ist diese Zuteilung inhaltlich begründet. Manchmal ist sie auch davon bestimmt, wer mit wem am besten kann. Das »Bedienen« äußert sich in bewusstem Blickkontakt, zugeschnittener Argumentation, Rollenverteilung für die Q & A, manchmal auch in direkter Ansprache: »… was für Sie aus dem Einkauf ja jetzt besonders relevant ist ….«

> Viele Unternehmen – zunehmend auch kleinere – gönnen sich bei wichtigen Pitches einen Pitch-Coach, um die Story zu schleifen und im Rehearsal die Performances zu optimieren. Der Pitch-Coach kann mit frischem Blick von außen und konsequenter Kundenbrille auf die Präsentation und die Performances schauen, die Erkenntnisse mit dem Team reflektieren, weiter optimieren und Höchstleistung unterstützen.

Ein bisschen Pitch-Theater darf sein

Das Engagement der Anbieter:innen bei den ganz großen Pitches ist extrem hoch. Viele bringen ein **Demoprodukt** mit, gut ausstaffiert und chic gestaltet, das vielleicht sogar beim Kunden bleibt. Wenn Ihr mit Demos arbeitet, inszeniert sie gut – auf einem schönen Tisch, in einer tollen Box. Zeigt die Wertigkeit.

Immer wieder geben sich Pitchteams ein besonderes **Styling**. So erscheinen alle im dunklen Anzug mit roten Turnschuhen oder im Shirt mit Logo oder einem starken Statement für den Kunden oder dem Hemd in der Farbe des Kundenlogos. In Erinnerung bleibt Ihr so zwar auf jeden Fall, neu ist diese Idee allerdings nicht.

Wir haben auch schon erlebt, dass ein besonders **cooles Ambiente** mit großen Dachterrassen angemietet oder ganze Etagen umgestylt wurden in Star-Wars-Kulissen, eine Schaltzentrale, in ein Wohnzimmer. Jeweils natürlich mit Bezug zum Auftrag, der Lösung, den wichtigsten Botschaften.

Damit wird dann deutlich, wie wichtig es dem Anbieter ist, den Kunden zu gewinnen. Wer würde sonst so einen Aufwand betreiben?

Achtet jedoch stets auf die **Verhältnismäßigkeit.** Das Pitch-Theater sollte nie Eure inhaltliche Stärke überschatten.

Was auf jeden Fall damit gelingt: **Ihr bleibt im Gedächtnis.** Bei großen Pitches lohnt es sich, wirklich jedes Register zu ziehen. Die anderen tun es auch – ganz sicher.

Der Investorenpitch: Kredit braucht Vertrauen

Im Investorenpitch dreht sich alles darum, Förderer und Unterstützerinnen für Eure Geschäftsidee zu gewinnen. Das ist gar nicht so einfach, denn viele Konkurrent:innen umschwirren die begehrten Fördertöpfe.

In diesem Kapitel erfahrt Ihr unter anderem, wie Ihr

- das Vertrauen der Investierenden gewinnt,
- Euren Pitch passgenau auf das Entscheidungsgremium ausrichtet,
- ein überzeugendes Pitch Deck aufbaut.

Der Pitch für Start-ups

Investorenpitches sind eine ganz besondere Pitchform. Einerseits sind sie in den konkreten Rahmenbedingungen und spezifischen Anforderungen nicht einheitlich. Andererseits haben alle Investorenpitches die gleich Zielsetzung: Es geht um Geld und Unterstützung für eine Geschäftsidee oder eine unternehmerische Gründung.

Als Gründer:innen habt Ihr eine Unternehmens- oder Produktidee entwickelt: Vielleicht nur einen Sketch, einen Prototypen, einen Gedanken aus der Masterarbeit. Vielleicht habt Ihr auch schon erste Kund:innen, einen Webshop, ein Produkt oder eine Dienstleistung, die Ihr für vielversprechend haltet und als Geschäft ausbauen wollt. Ob Biotech, Social Innovation, individuelle Fertigung, Internethandel: in jedem Fall seid Ihr fest davon überzeugt, dass Eure Idee innovativ ist und große Chancen, vor allem Wachstumspotenzial, bietet.

Gerade in der Vorgründungs- oder Gründungsphase einer Unternehmung könnt Ihr mit dem Investorenpitch Schlagkraft und Fremdkapital einwerben, um Eure Idee weiter und auf den Markt zu bringen.

Ob Crowdfunding über Business Angels bis hin zu staatlichen oder europäischen Förderprogrammen – es gibt eine breite Palette an Kapitalgebern, die bereit sind, Gründer:innen und junge Geschäftsideen zu unterstützen und in der einen oder anderen Form Kredit zu gewähren. Das Wort *Kredit* kommt vom lateinischen Verb *credere*. Es bedeutet so viel wie glauben, vertrauen. Und damit sind wir beim Kernthema des Investorenpitch.

Investierende wollen vertrauen können

Da junge, innovative Ideen und Gründungen gute Chancen haben, auf ihrem weiteren Weg zu scheitern, ist es erst einmal ein Risiko, ihnen Unterstützung oder gar Geld zu geben. Das Wort *Risiko* wird auf den lateinischen Begriff *risicare* zurückgeführt, was *wagen* bedeutet. Und das ist genau das, was ein Investor, eine Investorin tut. Deshalb spricht man auch von Wagnis- oder Risikokapital.

Wie die meisten Menschen, die Geld in die Hand nehmen, möchten Investor:innen darauf vertrauen können, dass sie den **größtmöglichen Nutzen** und **die bestmögliche Sicherheit** für ihren Einsatz bekommen. Um Vertrauen aufzubauen, wollen sie wissen, ob sich ihr Einsatz lohnt und ob Ihr wisst, was Ihr tut.

Lohnt sich meine Aufmerksamkeit?

Wenn Ihr in sehr frühen Phasen pitcht, ist Eure Idee noch weit davon entfernt, Umsätze oder gar Gewinne zu generieren. Um Investor:innen zu locken, könnt Ihr nur auf die Zukunft setzen und glaubhaft machen, dass Eure Idee zu einem späteren Zeitpunkt großen Wert haben wird.

Dieses **zukunftsbezogene Wertversprechen** – im Englischen: Value Proposition – ist ein **zentraler Punkt im Investorenpitch**.

Was gebt Ihr zurück für das Geld und die Unterstützung, die Ihr erhaltet? Hier keine Antwort zu haben, schreckt jeden Geldgebenden ab. Doch um ganz konkrete Anteile oder Gewinne zu versprechen, ist es häufig noch zu früh; es würde zudem Eure Verhandlungsposition schwächen.

Mithilfe von Analysen könnt Ihr aber durchaus abschätzen, welchen Markt Ihr im Blick habt und welche Anteile zukünftig erreichbar sind. Ihr könnt und solltet Eure Geschäftsidee so klar und plastisch darstellen, dass für die Investor:innen ohne Umschweife klar wird, wie wertvoll Eure Idee in Zukunft werden kann und warum es sich für sie lohnt einzusteigen.

> Geldgeber:innen investieren, um daran in der einen oder anderen Form zu verdienen.

Wisst Ihr, was Ihr tut?

Wenn Ihr an dem Punkt seid, auf Investor:innen zuzugehen, habt Ihr (hoffentlich) schon viel über Eure Idee nachgedacht und geplant, wie Ihr sie verwirklichen wollt.

Sofern Ihr ein Unternehmen gründen wollt, ist das Standardmittel hierfür der **Geschäfts- oder Businessplan**. Wenn Ihr in einer Vor-Gründungsphase Gelder etwa für einen Prototypen oder Tests akquirieren oder an einem Wettbewerb oder einer Förderung teilnehmen wollt, reicht mitunter auch ein Projektplan, der insbesondere mit Blick auf die Verwertungs- und Marketingstrategie allgemeiner bleiben kann.

Pläne helfen nicht nur dem Investierenden, sondern auch Euch selbst, Euch zu orientieren und die Lage zu beurteilen. Zeigt, dass Ihr die **Kontrolle über Eure Geschäftsidee** und die damit verbundenen Risiken habt. Mit einem guten Businessplan, der sich in der Regel aus Beschaffungs-, Marketing-, Vertriebs-, Produktions-, Personal-, Forschungs- und Finanzplanung zusammensetzt, habt Ihr die wesentlichen Inhalte, um das zu tun und zum Vertrauensaufbau beizutragen. Der Businessplan ist also nicht nur Formsache, sondern ein wesentlicher Schritt zum Investorenpitch. Nutzt ihn, um zu zeigen, dass Ihr die notwendige Umsicht mitbringt, die es braucht, um die Geschäftsidee durch die Unwägbarkeiten zu steuern, die noch vor Euch liegen.

> Gebt den Investor:innen Gründe, Euch und Eurer Idee zu vertrauen. Baut Vertrauen auf, indem Ihr durch eine realistische Einschätzung von Chancen und Märkten einen Zukunftswert versprecht. Und darüber hinaus durch eine bedachte Planung Kontrolle zeigt. Vertrauen ist gleich Zukunftswertversprechen plus Kontrolle.

Vom Businessplan zum Pitch

Business- und Projektpläne sind meistens sehr detaillierte Dokumente. Es braucht Zeit und Energie, sie im Detail zu verstehen – und die nimmt sich, zumindest im ersten Schritt, kaum ein Geldgeber. Zumal wir einen Boom an Innovationsvorhaben und Gründungen erleben – von denen leider etwa die Hälfte innerhalb der ersten fünf Jahre scheitert. Der Wettbewerb ist also groß, die Aufmerksamkeit von Geldgeber:innen ein entsprechend knappes Gut.

Wie und wo Ihr Eure Geschäftsidee an den Mann oder die Frau bringen könnt, unterscheidet sich dabei beträchtlich. Gut aufgestellt seid Ihr, wenn Ihr Euch mindestens auf die folgenden Situationen vorbereitet.

Ausschreibungen und Gründerwettbewerbe

Gründerwettbewerbe oder öffentliche Ausschreibungen (von den Landesbanken über EU-Förderung bis hin zu Stiftungen) haben den Vorteil, dass die Regeln und Anforderungen zur Teilnahme zumeist klar formuliert sind, wie übrigens auch beim Business Angels Netzwerk Deutschland BAND e.V., das einen Onepager einfordert. Das macht Euch die Bewerbung um einiges leichter, zumal Ihr Euch zu vielen Programmen persönlich beraten lassen könnt. Eine entsprechende Datenbank findet Ihr zum Beispiel hier:

Üblicherweise sind solche Verfahren mehrstufig, d.h., die Projekte durchlaufen mehrere Auswahlrunden. Zumeist ist im ersten Schritt ein schriftlicher Antrag einzureichen – für den ein gut ausgearbeiteter Projekt- oder Businessplan eine große Hilfe ist. Erst wer diese und eventuelle weitere Auswahlrunden übersteht, darf die eigene Idee persönlich pitchen.

Kaltakquise oder Direktansprache

Wenn Ihr einen Investor ansprecht, den Ihr nicht persönlich kennt und dem Ihr nicht angekündigt wurdet, nennt man das auch Kaltakquise. Eine gelungene Ansprache macht in kürzester Zeit neugierig auf mehr. Habt Ihr auf diese Weise bereits einen Fuß in der Tür, könnt Ihr in einem Anschlusstermin tiefer einsteigen. Das ideale Mittel hierfür ist der pointierte Elevator Pitch ohne Folien (siehe Kapitel »Blaupausen für einen guten Elevator Pitch«). Visitenkarten, ein Onepager oder ein ausgefallenes Give-away können als Erinnerungsstütze fungieren.

Live vor Investor:innen oder auf einem Pitchevent

Ruhrpitch, PCDE, Uni-Pitch, Innovation Pitch – Pitch Events wie diese gibt es mittlerweile zuhauf, offline wie online, in den unterschiedlichsten Settings und von unterschiedlicher (Förder-) Qualität. Die Top-Chance habt Ihr natürlich, wenn Ihr es direkt zu einem Investor geschafft habt.

Dieser bestimmt dann auch die Regeln. Verbindliche oder einheitliche Zeitvorgaben für einen Investorenpitch gibt es deshalb auch nicht. Gängig sind 15 bis 30 Minuten für einen ersten Termin. Auch hier wird häufig erwartet, dass vorab ein Dokument oder ein Foliensatz, das sogenannte Pitch Deck, eingereicht wird.

Jede Investorin, jeder Förderer tickt anders

Nicht immer ist sofort ersichtlich, womit Ihr im jeweiligen Pitch den Unterschied machen und gewinnen könnt. Was immer hilft: sich Zeit zur Vorbereitung zu nehmen und eine individuelle Pitchpräsentation aufzubauen. Macht nicht den Fehler, Euch ausschließlich auf die Qualität Eurer Idee zu verlassen oder das liebgewonnene Pitch Deck vom letzten Mal zu nehmen. Seht Euch stattdessen Eure aktuelle Zielgruppe und ihre Zielsetzungen genau an.

Jeder Investor will einen **Return on Investment**, also durch die Förderung gut dastehen und etwas zurückbekommen. Das kann jedoch je nach Einzelfall ganz Unterschiedliches bedeuten:

- Einige Investor:innen fördern Innovationen, um neue Märkte zu etablieren, ohne dass sich Eure Idee direkt tragen muss.
- Andere, vor allem Programme der öffentlichen Hand, fördern langfristige Sicherheit und Standortbezogenheit.
- Wieder andere suchen vor allem einen Showcase, mit dem sie Renommee gewinnen und zeigen können, dass ihr Engagement zum Erfolg führt.
- Business Angels wiederum verfolgen häufig eine ökonomische Strategie, die darauf abzielt, Eure Gründung schnell groß zu machen, um ihre Anteile gewinnbringend zu verkaufen.

Wie bei einer guten Bewerbung ist es hilfreich, jeden Investorenpitch individuell aufzubauen. Ideal startet Ihr die Vorbereitung damit, die folgenden zwei Fragen zu beantworten:

1. Mit welchen **Motiven und Gewinnabsichten** unterstützt dieser konkrete Investor neue Geschäftsideen? Und was kann unsere Idee dazu beitragen?
2. Welche **Informationen** braucht er oder sie, um unserer **Geschäftsidee vertrauen** zu können?

Auf dieser Basis könnt Ihr am besten erarbeiten, was Ihr für einen Pitch braucht.

Trennt stets Pitch und Pitch Deck

Ganz wichtig: Pitch Deck und Pitchpräsentation sind nie dasselbe.

Das **Pitch Deck ist ein Übersichtsdokument**. Häufig bildet es die Grundlage, um überhaupt bei einem Förderer oder in einem Wettbewerb vorsprechen zu dürfen. Das Pitch Deck ist der Hebel, um den Fuß in die Tür zu bekommen – oder alles zu versauen. Es entspricht in etwa der Lese- oder Verschick-Präsentation, die Euch in Kapitel »Der Foliensatz: Eure Visitenkarte« schon mal begegnet ist. Das Deck muss ohne Euch funktionieren und deshalb selbsterklärend sein. Die wichtigste Grundlage eines Pitch Decks ist der **Businessplan** (der hier auf Eckdaten reduziert wird). Zumeist kommen Sequenzen aus Unternehmensbroschüre, Strategiepapier, Bewerbung und Kreditantrag hinzu.

Was aus Investorensicht nachvollziehbar ist und ein gutes Mittel, um ohne zeitaufwendigen Termin unpassende Ideen auszusortieren, hat für das Pitchteam eine beachtliche Schwierigkeit: Wie kann man in der Pitchpräsentation dann noch Spannung aufbauen und begeistern, wenn die Katze schon aus dem Sack ist?

Einige Investor:innen, allen voran der Entrepreneur, Risikokapitalgeber und begeisternde Pitcher Guy Kawasaki, empfehlen deshalb, das Pitch Deck keinesfalls vorab zu verschicken. Die Argumentation von Kawasaki ist so simpel wie einleuchtend: Liest man Euer Deck vorab, ist die Entscheidung bereits gefallen, bevor Ihr präsentiert. Liest man es nicht – nun, warum musstest Ihr es dann schicken?

Warum also die Entscheidung aus der Hand geben, ohne persönlich dafür zu kämpfen? Andererseits ist es sicher auch nicht optimal, auf die Anforderung des Investors und ein Pitch Deck zu verzichten und diese Chance nicht zu nutzen.

Was also tun? Am besten bereitet Ihr zwei Situationen vor: erstellt ein **selbsterklärendes Pitch Deck**, das Ihr verschicken könnt. Und erarbeitet eine **kluge, mitreißende Pitchpräsentation**, um im direkten Kontakt Vertrauen und Begeisterung zu wecken.

Das ideale Pitch Deck

Wenn man sich die Pitch Decks großer und erfolgreicher Gründungen anschaut, wird schnell klar: Obwohl kaum zwei Decks identisch aufgebaut sind, gibt es große Überschneidungen und einige Must-haves.

Nur wenig überraschend sind das diejenigen wesentlichen Parameter, die im Businessplan beschrieben werden und anhand derer sich schon in frühen Entwicklungsphasen abschätzen lässt, ob eine Geschäftsidee inhaltlich, organisational und wirtschaftlich tragfähig sein kann. Hinzu kommt das Thema Investition bzw. Finanzierung. Auch das kann man in einer Investment-Anfrage erwarten.

Insgesamt seid Ihr gut aufgestellt mit einem Deck, das die folgenden vier Fragen gut verständlich beantwortet:

1. Was habt Ihr vor? – Eure Geschäftsidee.
2. Wie verdient Ihr Geld? – Euer Geschäftsmodell.
3. Wer steht dahinter? – Eure Organisation.
4. Was braucht Ihr? – Euer Finanz- oder Unterstützungsbedarf.

Doch wie umfangreich sollen Eure Antworten ausfallen? Early Stage Pitch Decks haben zumeist zwischen 10 und etwa 30 Slides. Bekannt geworden ist die **10-20-30 Regel** von Guy Kawasaki:

Foto: Lukas Blazek

Natürlich ist auch das ein Richtwert, aber mit einem besonderen Drive, der für das eigene Denken und den Folienaufbau hilfreich ist. Schriftgröße 30 versteht sich hier weniger als eine ästhetische Empfehlung, sondern als klarer Hinweis: **Fasst Euch kurz**. Nutzt **Talking Headlines** und **Kernbotschaften** (siehe hierzu Kapitel »Überzeugen mit klaren Botschaften«). Niemand will bei einem ersten Pitch zu tief einsteigen. Insbesondere technische Details interessieren hier nicht.

Es geht erst einmal darum, klar, nachvollziehbar und seriös Antworten auf die oben genannten vier Fragen zu präsentieren und auf diese Weise – Ihr ahnt es schon – Vertrauen aufzubauen. Mit etwas Überlegung, Sorgfalt und dem Businessplan ist das gut zu schaffen.

Ein guter Beginn ist es, wenn Ihr zu jedem Thema eine zentrale Botschaft formuliert. Erscheint Euch die Schriftgröße 30 zu mächtig, sind 25 bis 50 Wörter pro Seite insgesamt ein guter Richtwert. Weitere Tipps und Ideen zum Folienaufbau findet Ihr im Kapitel »Die Folien«.

> Mit einer PDF-Konvertierung stellt Ihr sicher, dass Euer Pitch Deck plattformunabhängig geöffnet und gelesen werden kann.

Aus 4 mach 12

Damit Euer Pitch Deck angemessen kurz bleibt und alle notwendigen Themen aufgreift, beachtet die Faustregel »Aus 4 mach 12«.

Verteilt die 4 Themen (Geschäftsidee, Geschäftsmodell, Organisation, Finanzbedarf) auf 12 Folien.

Die 12 Folien des Pitch Deck	
1.	Titelseite
2.	Der Schmerz und die Diagnose
3.	Die Geschäftsidee
4.	Alleinstellungsmerkmal/USP
5.	Überblick über genutzte Technologien
6.	Zugkraft
7.	Markt und Marktchancen
8.	Wettbewerber
9.	Distributions- bzw. Marktstrategie
10.	Team, Unternehmensüberblick und -aufbau
11.	Euer Finanz- oder Unterstützungsbedarf
12.	Management Summary

Folie 1: Mit der Titelseite den Ton setzen

Das ausgezeichnet reduzierte und gestaltete Sales Deck von Zuora (2017) startet mit drei Kerninformationen: den Infos zum CEO, dem Firmennamen und einem zentralen Satz »Turning Customers into Subscribers« (in etwa: »Wie man aus Kunden überzeugte Abonnent:innen macht«).

Die Macher von Airbnb beginnen ihr Deck (2011) mit Logo und Logline sowie Kernbotschaft auf weißem Hintergrund: »Book rooms with locals, rather than hotels«. Das Airbnb-Deck ist insgesamt als Blaupause für ein solides Deck interessant (in einer Zehn-Folien-Variante). Lasst den Browser-Tab deshalb auch beim Weiterlesen ruhig offen.

Als Inspiration auch Voi (2019):

Allein diese Beispiele machen es bereits deutlich: **Mit der Titelfolie setzt Ihr den Ton für das Kommende.**

Konservative Branchen und risikoorientierte Investor:innen brauchen keinen wilden, durchgestylten Folienritt. Genauso verliert eine Idee mit Disruptionspotenzial ihre Wirkung, wenn sie kreuzbrav daherkommt. Wie Ihr Euer Pitch Deck aufbaut und gestaltet, entscheidet Ihr am besten orientiert an Eurem Produkt und Eurer Strategie.

Folie 2: Die Painpoints der Zielgruppe(n)

Gute Geschäftsideen reagieren auf Bedarfe, füllen Leerstellen und lindern Schmerzen – natürlich nur im übertragenen Sinne, sofern Ihr nicht in Biotech, Medizin oder Pharmazie unterwegs seid.

Mit einer Diagnose einsteigen, den **Finger in die Wunde legen**, Entwicklungen aufzeigen und erläutern, weshalb für Eure Idee die richtige Zeit gekommen ist, ist ein smarter erster Schritt, um Eure Geschäftsidee bedeutsam darzustellen und herzuleiten. Im **SKIN**-Modell (siehe Kapitel »Die richtigen Inhalte in passender Struktur«), das Ihr für den Aufbau des Pitch Decks sehr gut nutzen könnt, haben wir das *Situation* und *Komplikation* genannt.

Keine Maßnahme ohne Analyse! Egal, ob Ihr eine neue Methode zur Rauchentwöhnung oder eine innovative Akku-Technologie pitchen wollt: Es wäre fatal, wenn eine potenzielle Investorin aus Eurem Pitch Deck nicht ablesen kann, warum diese Lösung sinnvoll und nützlich ist. Eine gute Analyse bzw. Diagnose braucht **empirische Daten**, wie etwa: »Noch immer raucht in Deutschland ca. jede:r Fünfte.«, oder: »Bei der Herstellung von Lithium-Ionen-Akkus wird laut Studie XY in der konventionellen Variante zwischen 61 und 106 Kilo CO_2-Äquivalent freigesetzt.«

Folie 3: Die Geschäftsidee als Lösung

Jetzt ist das Feld bereitet, um Eure Geschäftsidee eindrucksvoll und plastisch darzustellen. Dazu nochmals Guy Kawasaki: »**The greatest pitch is a great product.**« (übersetzt: Der großartigste Pitch ist ein großartiges Produkt.) Umgekehrt: Eine unklare oder nutzlose Geschäftsidee wird auch durch einen perfekten Pitch nicht gut. Deshalb ist es so wichtig, die Idee klipp und klar darzustellen.

Am allerbesten funktioniert das mit Prototypen oder Fotos Eures Produkts. Pitcht Ihr eine Dienstleistung oder seid Ihr in einer sehr frühen Phase, könnt Ihr auf Symbolbilder zurückgreifen oder Schlüsselprozesse Eurer Idee grafisch darstellen. Auch hier ist weniger mehr: ein klares Foto, zwei Anwendungsfälle, drei bis vier Prozessschritte. Kurbelt das Kopfkino an, statt auf Vollständigkeit zu setzen. Um zu reduzieren, helfen Euch insbesondere Kernbotschaften und ein richtig guter Elevator Pitch.

> Wenn Ihr genau jetzt loslegen möchtet, Eure Idee neu zu formulieren, springt von hier in das Kapitel »Elevator Pitch« und nutzt die 3+1-Variante.

Folie 4: Warum startet Eure Idee durch?

Es gibt Ideen, die sind so anders, dass sie bisherige Ansätze überflüssig machen und Märkte über den Haufen werfen. Zu solchen disruptiven Innovationen zählen der Buchdruck, das Internet, das Smartphone. Die meisten Geschäftsideen sind demgegenüber eher inkrementell, das heißt, sie entwickeln eine Facette, eine Technologie, ein Modell weiter und schaffen so etwas Neues – oder behaupten es jedenfalls.

Wenn Ihr argumentieren könnt, auf welche Weise Eure Idee eine Lücke füllt und sich von anderen unterscheidet, habt Ihr einen entscheidenden Wettbewerbsvorteil. Was dieses **Alleinstellungsmerkmal** (im Englischen: **Unique Selling Proposition**, kurz: USP) Eurer Geschäftsidee ist, sollte dem Investor deshalb unbedingt klarwerden. Es gehört auf eine eigene Seite.

Die Gretchenfrage beim USP: Warum sollte der Kunde bei Euch (und nicht bei Euren Wettbewerbern) kaufen? Und die Antwort?

Sie reicht von innovativer Technologie über »Weil es das in meiner Stadt noch nicht gibt« bis hin zur Ende-zu-Ende-Verschlüsselung im Messenger.

»Halt!«, denkt Ihr jetzt vielleicht, »Ende-zu-Ende verschlüsselte Messenger gibt es doch schon zuhauf!« Genau. USPs sind dynamisch und können morgen schon hinfällig sein.

Folie 5: Technik, die begeistert – aber nicht langweilen darf

Sofern Eure Geschäftsidee eine technologische Neuerung ist oder besondere Technologien nutzt bzw. ablöst, nehmt Ihr hierfür am besten eine eigene Folie. Aber Achtung: Gerade wenn Ihr technisch tief im Detail steckt und begeistert seid, ist die Versuchung groß, hier zu sehr auszuschweifen. Eure Zielgruppe besteht zumeist jedoch nicht aus Ingenieur:innen und Fachexpert:innen. Überblickswissen reicht. Technisch sensible oder patentrechtlich relevante Details gehören eher nicht in das Pitch Deck.

Folie 6: Habt Ihr schon PS auf der Straße?

Versprechen kann man viel. Vertrauen entsteht, wenn Ihr zeigen könnt, dass Eure Idee schon **Markt- und Zugkraft** aufgebaut hat. Seid Ihr noch ein Stück von der Marktreife entfernt, ist der Nachweis wichtig, dass Eure Lösung funktioniert bzw. überhaupt machbar ist – Proof of Concept.

Ideal ist es, wenn Ihr bereits Kundenzahlen, Umsätze, Gewinne für Euer Produkt angeben könnt. Gerade in frühen Stadien sind hier aber auch Testimonials, Referenzen, Auszeichnungen, ggf. andere (Gründer)Förderungen hilfreich. So könnt Ihr überzeugend vermitteln, dass auch andere an Eure Idee glauben.

Wie man die eigene Erfolgsgeschichte am Markt zum Mittelpunkt seines Pitch Decks ausbauen kann, zeigt das Voi-Deck (2019):

Folien 7 bis 9: Wie verdient Ihr Geld?

Mit dem **Geschäftsmodell** stellt Ihr dar, wie Ihr mit Eurer Idee Geld verdienen möchtet – und wer bezahlen soll. Welchen Markt werdet Ihr bedienen? Gibt es ihn schon oder muss er erst entstehen? Wie groß ist dieser Markt? Und vor allem: Wer tummelt sich da bereits und welche Anteile sind realistisch abzugreifen?

Dies ist eine Schlüsselstelle im Pitch Deck! Schließlich steigt der Investor in den allermeisten Fällen ein, um größtmögliche Gewinne zu machen. Umso wichtiger ist es, ihn zu überzeugen, dass hier eine vielleicht einmalige Gelegenheit auf ihn wartet und die Business Opportunity riesig ist.

Dazu braucht Ihr hart zusammengedampfte **Analysen** zu Endkunden und Wettbewerbern sowie Eure Distributions- bzw. Marktstrategie, auch **Go-to-market-Strategie** genannt.

> Zeigt, dass Ihr Euren Markt kennt und wie Ihr Risiken kontrolliert. Auch wie Euer Produkt zum Kunden kommt (oder umgekehrt), sollte Euch eine Darstellung wert sein.

Vorsicht demgegenüber mit Preismodellen oder konkretem Return on Investment im Pitch Deck. Gerade in der Verhandlung mit profitorientierten Investoren gehören Preise in eine spätere Verhandlungsphase. Wenn es unbedingt erforderlich ist, Euch im Deck dazu zu äußern, haltet Euch möglichst vage, um Eure Verhandlungsposition nicht zu schwächen.

Folie 10: Der Faktor Mensch

Auf Pitch-Trainings und -Veranstaltungen sind uns schon ganz unterschiedliche Menschen begegnet, so zum Beispiel Diplom-Ingenieurinnen, Genetiker, Hausfrauen und -männer, Marketing-Professionals, Imker:innen, Bachelor-Student:innen oder Unternehmensberater:innen. Am meisten begegnen uns jedoch CEOs (Geschäftsführer:innen) und CTOs (technische Vorstände), manchmal auch CMOs (zuständig für Marketing/Vertrieb) und CFOs (Finanzressort). Die Abkürzungen sind in den ohnehin stark international geprägten Start-up-Szenen gang und gäbe und können für das Pitch Deck genutzt werden.

Für Investor:innen ist es wichtig zu wissen, wo die unterschiedlichen Kompetenzen eines Start-ups liegen und auf welche Schultern die Aufgaben verteilt sind. Reserviert deshalb eine Seite für die Vorstellung Eures Teams. Mindestanforderungen sind Foto, Name, Position oder Bereich, Kontaktdaten und einschlägige Qualifikationen, vor allem Bildungs- und Studienabschlüsse.

> Und wieder gilt: Lasst alles weg, was nicht zur Sache beiträgt. Aber vergesst auch nichts, was Eure Expertise untermauert.

Fehlt Euch noch jemand im Team? Lücken müsst Ihr nicht unter den Tisch kehren. Gerade Business Angels brauchen diesen Hinweis, um zu erkennen, wo sie beraten oder selbst mit einsteigen können.

Folie 11: Finanz- und Unterstützungsbedarf

So überraschend es klingen mag: Unerfahrene Pitcher vergessen gern schlüssig darzustellen, wie viel Geld sie wofür brauchen. Euer ganz **konkreter Finanz- oder Unterstützungsbedarf**, im Amerikanischen gern und passend »The Ask« genannt, gehört unbedingt ins Deck. Selbst wenn Ihr im Gründerwettbewerb vorher oder begleitend einen schriftlichen Antrag stellt.

Wirklich einfach geht das mit einer Formel: Im nächsten Schritt brauchen wir [Betrag], um [Ziel oder konkretes Inkrement] zu erreichen. Dieser Ausbau ermöglicht es, [Nutzen, Umsatzsteigerung o. Ä.] zu erreichen.

Nicht ganz zufällig erinnert das an die **SMART**-Regel (siehe Kapitel »Vom Ende her denken«). Deshalb wird häufig auch noch die Finanzierungsdauer (zum Beispiel: 2022 bis 2024) ergänzt.

> Je gereifter das Start-up, desto spezifischer die Entwicklungsplanung. Auch hier braucht Ihr jedoch nicht in jedes Detail zu gehen, allerdings solltet Ihr mindestens eine überschlägige Finanzplanung und Meilensteine angeben können, die mit den Geldern erreicht werden sollen.

Spätestens für einen zweiten Schritt ist dann zu klären: Was braucht Ihr wofür, was ist schon finanziert, wo springen andere Investoren ein?

Es ist durchaus üblich, dass Start-ups durch mehrere Mittelgeber:innen finanziert werden. Und gerade dann gilt: Sauber und transparent bleiben, was Finanzbedarf und Mitteleinsatz angeht, insbesondere, wenn Förderprogramme oder öffentliche Gelder im Spiel sind. Zumeist dürfen nur Gründungen in ganz frühen Stadien auf »Seed Money« ohne große Bindungen hoffen.

Folie 12: Überblick schaffen mit der Management Summary

Sofern Ihr Euer Pitch Deck wirklich als selbsterklärendes Standalone-Dokument verschickt, kann eine Management Summary sinnvoll sein. Pragmatisch könnt Ihr diese kompakte Zusammenfassung Eures Vorhabens aus dem fertigen Pitch Deck herausziehen, um so den Leser:innen die **Eckdaten auf einen Blick** zur Verfügung stellen.

Habt Ihr schon eine gute Logline oder einen Elevator Pitch (siehe das gleichnamige Kapitel) zu Eurer Geschäftsidee? Dann könnt Ihr auch diese gut in die Management Summary einbauen. Oder Ihr nutzt einen Claim, ein Sprachbild, eine Analogie, um besser im Gedächtnis zu bleiben, wie zum Beispiel das Boxcryptor Pitchdeck, Folie 11:

> Unser Geheimtipp: Wir bauen die Management Summary gerne zweimal. Zu Beginn der Vorbereitung hilft sie, die eigenen Gedanken zu sortieren. Erst wenn das Pitch Deck steht, erstellen wir die letztendliche Summary, um sicherzugehen, dass sie auch zum Deck passt.

Kleine Pitch-Deck-Sprechstunde

Deutsch oder englisch?

Ideal ist es natürlich, deutsch und englisch vorbereitet zu haben. Mit der englischen Version seid Ihr auf der sicheren Seite. Aber am Ende des Tages entscheidet die Ausschreibung oder Eure Zielgruppe.

Vier-Augen-Prinzip

Holt Euch unbedingt Feedback durch Berater:innen, Teammitglieder oder Freund:innen, bevor Ihr das Deck versendet.

Begleitschreiben

Fügt Eurem Deck ein Anschreiben bei oder formuliert in einer E-Mail, warum Ihr den Kontakt aufnehmt bzw. was Ihr überhaupt möchtet.

Intellectual Property

Um Euch und Euer geistiges Eigentum (Intellectual Property – IP) zu schützen, könnt Ihr auf der ersten Seite neben dem Datum einfügen: »Vertraulich und urheberrechtlich geschützt. Copyright © [Eure Namen/Firma]«. Wenn Ihr Euch hier unsicher fühlt, lasst Euch unbedingt durch ein Gründungszentrum oder einen Patentanwalt beraten.

Beispiele

Weitere Pitch-Deck Beispiele findet Ihr hier:

toppitchdeck.com/category/pitch-deck-other/	
www.cbinsights.com/research/billion-dollar-startup-pitch-decks/#you	
www.canva.com/learn/pitch-decks/	

Im Pitch Vertrauen und Begeisterung wecken

Euer Deck hat überzeugt. Jetzt seid Ihr eingeladen, Eure Idee persönlich zu pitchen. Live. 10, 15 oder auch 20 Minuten. Die folgenden Tipps helfen Euch dabei.

Start again

Ein kluger, mitreißender Investorenpitch ist erst einmal Kopfarbeit. Geht also von neuem in die Analyse: Was sind die Rahmenbedingungen, wie ist die Situation? Warum wurdet Ihr eingeladen?

Whose house?

Geht auch im Investorenpitch konsequent in den Perspektivwechsel: Wer ist der Entscheider? Was muss er wissen? Worauf legt er Wert?

Macht es wie Minto

Kennt der Zuhörer Euer Deck? Ruft es ihm ins Gedächtnis. Im Pitch Deck sind die wichtigen Themen eher ausführlich und eher sachlich aufbereitet. **Nun geht es darum zu begeistern**.

Arbeitet mit Minto, kürzt von unten (den Details) weg und schiebt Aussortiertes ins Back-up. Bringt unbedingt etwas Neues dazu. Zeigt, dass sich Euer Produkt entwickelt.

Startet groß

Neugierde entsteht, wenn wir auf eine Auflösung ein wenig warten müssen. Überlegt als erstes, in welchem Aspekt Eure Geschäftsidee am stärksten ist. Ist es vielleicht der Innovationsgrad oder das Problem, das Euer Produkt löst?

Heiß startet Ihr Euren Pitch mit einer **Frage oder einer Kernbotschaft**, die genau das in Aussicht stellt, so etwa: »Wie wäre es, wenn wir zukünftig mit weniger Antibiotika auskämen?«

Bringt den Nutzer ins Spiel

Eine unserer Standardfragen bei Innovationsideen ist: »**Was hat der Nutzer davon?**« Es ist erstaunlich, wie viele auch gestandene Entwickler:innen dabei ins Stottern kommen. Vor lauter Innovation und technischer Machbarkeit haben sie die Nutzer:innen völlig aus dem Blick verloren.

Design Thinker:innen und Agilisten setzen Anwender:innen in den Mittelpunkt ihrer Entwicklungen. Diese Perspektive könnt Ihr übernehmen: Erzählt in einer einfachen Geschichte, wie Eure Idee von Endnutzern angenommen wird und welche Vorteile sie ihnen bringt:

- Macht den Nutzer zur Hauptfigur: Erzählt die Geschichte aus der Sicht einer Person, die Eure Idee braucht.
- Stellt sie vor eine Aufgabe: Wie sieht ihr Leben bisher aus? Was ist aktuell umständlich und beschwerlich? Was macht sie unglücklich?
- Lasst die Hauptfigur Eure Idee erleben: Wie fühlt es sich an, diese zu nutzen? Was erlebt die Person aus der Geschichte dabei? Wie läuft es ab?
- Das gute Ende: Zeigt, dass Eure Hauptfigur dank Eurer Idee nun zufrieden und erleichtert ist.

Der Trick für eine gelungene Nutzergeschichte ist der konsequente Perspektivwechsel und die Konkretheit. Erzählt deshalb von ganz realistischen Nutzer:innen, sogenannten Personas. So könnt Ihr zum Beispiel die Geschichte von Johanna (37 Jahre), alleinerziehende Mutter, erzählen, die mit Eurer Idee in kürzester Zeit ein gesünderes Frühstück für ihre Kinder Philip (7) und Steffi (9) macht. Oder von Marc, der als Vertriebler in ganz Deutschland im Auto unterwegs ist und mit Eurem innovativen Bezahlvorgang beim Tanken Zeit spart.

Zeigt das Produkt

Photo, Prototyp, Produkt: wenn Ihr Eure Idee mitbringt, könnt Ihr sie im wahrsten Sinne des Wortes greifbar machen. Erinnert Euch an Guy Kawasaki: The greatest pitch is a great product!

Wenn Ihr schon ein fertiges Produkt oder einen funktionalen Prototypen habt, ist auch die Kombination von Storytelling und Produktpräsentation beeindruckend.

Um das Beispiel vom Vertriebler Marc aufzugreifen: Zeigt, wie der konkrete Bezahlvorgang funktioniert. Und wenn er technisch noch nicht funktioniert: Zeigt den Vorgang und die Zeitersparnis.

Nutzt Euer Team

Keiner kennt Eure Idee besser als Ihr selbst. Gerade in kleinen und jungen Teams gibt es selten eine klare Aufteilung nach Arbeitsinhalten oder Rollen. Vielleicht macht es auch deshalb so viel Spaß, Eure Idee zu »pushen«, weil jeder in Eurem Team irgendwie an allem beteiligt und in alles involviert ist? Oder habt Ihre Eure Aufgaben bereits abgegrenzt und der eine ist für Marketing und Finanzen, die andere für die Produktentwicklung zuständig? Vielleicht bist Du auch eine One-Woman-Show, die alles auf den eigenen Schultern stemmt?

Alles gute Ausgangslagen für den Investorenpitch, wenn man seine Stärken bewusst ausspielt. In unserer Erfahrung neigen besonders tech-affine Entwickler:innen dazu, Präsentationen zu meiden und überlassen den Pitch gern dem kaufmännischen Partner. Oder dominieren im Gegenzug den Pitch mit ihrer Expertise.

Dabei hilft es auch im Investorenpitch, Eure Idee aus verschiedenen Perspektiven zu betrachten und unterschiedliche Blickwinkel darauf zu präsentieren: Wer kann was beitragen? Damit sich die Pitch-dauer deshalb nicht verdoppelt, hilft Euch die zweite Frage: Was kann raus? Und das heißt wieder: radikaler Perspektivwechsel auf die Zuhörenden!

Call to Action: der Anschluss am Abschluss

Einstieg und Schluss Eures Pitches sind besonders wichtig. Hier ist erfahrungsgemäß auch die Aufmerksamkeit am höchsten – was durchaus frustrieren kann, sich aber leider nicht ändern lässt. Also lieber nicht mit einem müden »Vielen Dank für Ihre Aufmerksamkeit« abschließen. Auch ein »Ich bin am Ende ...« ist offensichtlich zweite Wahl. Platziert statt dessen einen ganz klaren Call to Action, á la: »Bitte investieren Sie in unsere Idee und sichern Sie sich damit ...« Auch gut: eine offene Frage, um die Diskussion ins Rollen zu bringen. Die einfachste Variante: »Was sagen Sie dazu?«

Eine Checkliste zur Vorbereitung des Investorenpitches können Sie via https://mybook.haufe.de nach Eingabe des Buchcodes TGA-HL12 in der Kategorie »Kommunikation & Soft Skills« herunterladen.

Elevator Pitch: Marketing-Booster mit Langzeiteffekt

Unverhofft kommt oft. Besser, Du bist auf Situationen vorbereitet, in denen Du Deine Idee plötzlich an den Mann oder die Frau bringen kannst. Dann muss es meist schnell gehen. Wir zeigen Dir in diesem Kapitel, wie Du kurz und präzise pitcht, um andere neugierig auf mehr zu machen.

In diesem Kapitel erfährst Du,

- warum gute Elevator Pitches Marketingbooster sind,
- wie Du Dich und Dein Vorhaben in wenigen Minuten optimal präsentierst.

Weshalb Aufzugfahren ein Marketingbooster sein kann

Stell Dir mal vor, Du steigst nichtsahnend in den Aufzug und denkst an nichts Böses. Im Aufzug steht plötzlich Euer CEO und fragt Dich: »Und, was arbeiten Sie gerade?« Dann hast Du eine Aufzugfahrt lang Zeit, um Deine Arbeit, Dein heimliches Projekt, Deine langentwickelte Produktidee oder Dich als Person an höchster Stelle zu profilieren – vielleicht die Chance Deines Lebens.

Wer jetzt anfangen muss, umständlich nach Formulierungen zu suchen, braucht zu lange. Der Aufzug hält, der CEO ist raus, die Chance vertan.

Ob nun über die Länge einer Aufzugfahrt (engl. *elevator* = Aufzug) oder für die Dauer, in der ein Streichholz abbrennt: ein Elevator Pitch hat immer das Ziel, das eigene Thema in kürzester Zeit spannend vorzustellen und beim Gegenüber einen Folgetermin zu provozieren.

Die knappe Zeit ist hierbei das Entscheidende. Jeder Satz muss sitzen. Und das gelingt am besten mit gedanklicher Klarheit, einem geordneten Aufbau und regelmäßiger Übung.

Die Übung ist eine Frage der Disziplin. Für den Aufbau gibt es weiter unten Tipps. Beginne Deine Pitchvorbereitung zunächst mit dem Ordnen **Deiner Gedanken**:

Komm raus aus der Fachexperten-Falle und frage Dich ganz konkret: Welcher Teil meiner Idee interessiert meine Zielgruppe? Welchen Nutzen hat meine Idee für meine Zuhörenden? Wie lautet der eine Satz, mit dem ich meine Idee zusammenfassen kann?

> Je besser Du selbst Deine Idee und ihren Nutzen verstehst, desto klarer kannst Du sie anderen vermitteln.

Klarheit heißt auch: Einfachheit der Sprache und der Bilder, die Du erzeugst. Dein Elevator Pitch sollte **allgemeinverständlich** sein, für Spezialwissen und Details ist kein Platz. Erkläre es, wie Du es (D)einem Kind erklären würdest. Wenn Du Dich erinnern möchtest, wie das geht, schaue eine Folge »Sendung mit der Maus« (www.wdrmaus.de), bis heute ungeschlagene Best Practice, um komplizierte Dinge einfach und verständlich zu erklären.

Blaupausen für einen guten Elevator Pitch

Als einfachste und schnellste Variante, um einen eigenen Elevator Pitch zu entwickeln, nutzt Du am besten eine Vorlage. Bereits mit einer schnellen Webrecherche wirst Du mehr unterschiedliche Vorschläge finden, als Du im ersten Schritt brauchen kannst. Start simple – beginne einfach, das gilt auch für Dein Elevator-Pitch Skript.

> Nutze Vorlagen, um die Grundlage für Deinen Elevator Pitch zu erarbeiten. Passe die Basis dann soweit an, bis Dein Pitch ideal auf Deine Idee, Situation und Bedürfnisse abgestimmt ist.

Die 3+1-Variante

Immer auf der sicheren Seite bist Du mit einem Pitch, der die Kerngedanken Deiner Idee klar auf den Punkt bringt. Dafür reichen 3+1 Sätze. Im **ersten Satz** bereits bringst Du den Überblick:

Für ... [Nutzer],

die ... [Anforderungen] brauchen,

ist ... [Name Deiner Idee]

eine ... [Art der Lösung, zum Beispiel Software, Anwendung],

die ... [Nutzen] möglich macht.

Um diesen Satz zu bauen, ist neben Namen und Art Deines Angebots vor allem wichtig, dass Du Dich konsequent in die **Perspektive Deiner Zielgruppe** bzw. Endnutzer:innen eingedacht hast. Beschreibe schon hier pointiert und überzeugend, welches Problem Dein Angebot mit welchem Nutzen bzw. Mehrwert löst.

Im **zweiten Satz** beschreibst Du, was Dein Angebot besonders macht und von vergleichbaren unterscheidet:

Im Unterschied zu bisherigen/anderen Lösungen wie ... [Wettbewerber] bietet unser Service/Produkt ... [Alleinstellungsmerkmal].

Mit diesem Satz signalisierst Du Deinem Zuhörer, dass Du bereits den Markt analysiert hast und Dein Angebot eine Lücke füllt.

Im **dritten Satz** bringst Du die **Neuartigkeit** nochmals auf den Punkt:

Es ist neuartig, weil es ... [zentrale Innovation].

Nicht bei jeder Idee fällt es leicht, die Neuartigkeit zu beschreiben. Vielleicht merkst Du daran aber auch, dass Du Dein Angebot noch nicht zu Ende gedacht hast. Zur Not nutzt Du diesen Satz, um nochmals die Besonderheit Deiner Idee herauszustellen.

Falls Du diesen Elevator Pitch als Erstkontakt für einen Investor oder Risikokapitalgeber aufbaust, kannst Du einen **vierten Satz** ergänzen:

Um ... [nächster Entwicklungsschritt] zu erreichen,

brauchen wir nun ... [Unterstützung].

> Auch wenn Du Deine Finanzbedarfe gut durchgerechnet hast, nenne zu einem so frühen Zeitpunkt niemals konkrete Beträge.

Vor allem, wenn Du etwas Neues entwickelst und positionieren willst, so zum Beispiel als Start-up, ist die 3+1-Variante eine gute Hilfe. Wenn die Sätze zu sperrig werden oder der Text in Deinen Ohren zu künstlich klingt, passe die Formulierungen an. Achte dabei darauf, dass die inhaltlichen Punkte [in den eckigen Klammern] erhalten bleiben.

Das Opportunity Statement

Wenn Du motivieren und die Chancen betonen willst, die zum Beispiel Deine Arbeit oder ein neues Projekt bietet, kann Dir das Opportunity Statement helfen. Es wurde vom Harvard-Professor und Change Management-Experten John P. Kotter (2015) entwickelt. Du kannst es ausgezeichnet für einen Elevator Pitch nutzen und Dich dabei an fünf Leitfragen orientieren:

1. **Worum** geht es in dem Projekt?
2. **Warum** ist es sinnvoll oder **notwendig**, das Projekt zu machen?
3. **Warum** machst **Du** bzw. Dein Team das Projekt?
4. **Warum** ist **jetzt** der ideale Zeitpunkt?
5. **Warum** ist es die **Mühe wert** bzw. was gibt es zu gewinnen?

Nach Kotter kommt es auch darauf an, mit dem Opportunity Statement das **Herz und Hirn** der Zuhörenden zu treffen. Achte darauf, dass Du Deinen Text kurz, klar, logisch, rational und mitreißend gestaltest. Hier ein Beispiel aus Karstens Projektwelt.

BEISPIEL:

Wir machen Innovator:innen, Studierende und Fachkräfte fit für die gesellschaftlichen Herausforderungen der Zukunft.

Die Pandemie zeigt uns gerade deutlich, wie volatil und unberechenbar die Zukunft ist. Es braucht deshalb Werkzeuge, um auch die noch unbekannten Herausforderungen zu meistern, vor denen wir als Gesellschaft stehen.

Den Schlüssel dafür sehen wir in Menschen, die sagen: wir wollen Gesellschaft mitgestalten. Gemeinsam. Und die die nötigen Werkzeuge haben, um das auch zu tun.

Mit unserem Lab führen wir unsere Kernfähigkeiten in einem inspirierenden Format zusammen, das ‚lernen' und ‚machen' verbindet. Von nachhaltigen Produkten und neuen Geschäftsmodellen bis zu alternativen Energien und zukunftsfähigen Innenstädten. Gesellschaft, Unternehmen und Bildungsinstitutionen entwickeln gemeinsam Lösungen für die Herausforderungen von morgen.

Schreibe Dein Opportunity Statement am besten auf. Gut sind 1.000 bis 1.500 Zeichen Länge (etwa eine halbe Din-A4-Seite).

> Zugleich rational und mitreißend zu formulieren, ist mitunter herausfordernd; mitreißend zu sprechen, ist noch anspruchsvoller. Lies Dir Dein Statement deshalb unbedingt selbst vor, hole Dir nach Möglichkeit Feedback und überarbeite den Text. Übe dann, bis es sitzt und Du das Statement frei vortragen kannst.

Nachwort, oder: Denken schlägt Struktur

Vorlagen sind eine sehr gute Lösung, um sich zu orientieren und eine Grundlage zu haben. Sie sind sozusagen das Schweizer Taschenmesser, auf das Ihr in jeder Situation zurückgreifen könnt. Wenn Ihr aber einen besonders wichtigen, kniffligen, speziellen Pitch vor Euch habt, wollt Ihr vermutlich mehr als das Universalwerkzeug.

Je mehr Ihr geübt habt, je souveräner Ihr werdet, desto leichter wird es Euch fallen, die Vorlagen in diesem TaschenGuide zu variieren und auf die speziellen Bedürfnisse Eurer Idee anzupassen. Tut das unbedingt! Haltet Euch nicht sklavisch an Regeln und Vorschläge, sondern findet Eure eigene Lösung, mit der Ihr Euch wohlfühlt und die für Euch funktioniert.

Bedenkt auch: Wie soll Euer Pitch im Gedächtnis bleiben, wenn er sich nicht von den anderen unterscheidet? In diesem Sinne gilt: Eigenes Denken schlägt Struktur.

Literatur

Beckett, D. (2019). So gewinnt man jeden Pitch. Redline, München.

Hackenberg, W.; Leminsky, C. et al. (2011): Key-Message. Delivered: Business Präsentationen mit Struktur. Haufe, Freiburg.

Kotter, J.P. (2015): Accelerate. Strategischen Herausforderungen schnell, agil und kreativ begegnen. Vahlen, München.

La Counte, S. (2019): The Keynote Pitch Deck. Creating a Pitch Deck that wows investors and raises the money you need to soar. Ridiculously Simple Press, Anaheim.

Reynolds, G. (2020): Zen oder die Kunst der Präsentation. Mit einfachen Ideen gestalten und präsentieren (3. Auflage). Dpunkt, Heidelberg.

Stichwortverzeichnis

Impressum

Bibliografische Information der Deutschen Nationalbibliothek
Die Deutsche Nationalbibliothek verzeichnet diese Publikation in der Deutschen Nationalbibliografie; detaillierte bibliografische Daten sind im Internet über http://www.dnb.dnb.de abrufbar.

Print:	ISBN: 978-3-648-15302-4	Bestell-Nr.: 10764-0001
ePub:	ISBN: 978-3-648-15303-1	Bestell-Nr.: 10764-0100
ePDF:	ISBN: 978-3-648-15304-8	Bestell-Nr.: 10764-0150

Irmengard Funken, Karsten Altenschmidt
Perfekt im Pitch – Kunden begeistern, Investoren überzeugen
1. Auflage 2021

Redaktionsanschrift: Fraunhoferstraße 5, 82152 Planegg/München
Internet: www.haufe.de
E-Mail: online@haufe.de
Redaktion: Jürgen Fischer

Konzeption, Realisation und Lektorat: Nicole Jähnichen, München
Bildnachweis (Cover): Thomas Barwick, Getty Images

Die Autoren

Irmengard Funken

ist Gründerin und Geschäftsführerin von relation-s (www.relation-s.de). Sie liebt die Themen Präsentieren und Storytelling und gilt in vielen größeren Unternehmen als *die* Präsentationstrainerin für alle Ebenen bis ins Topmanagement. Mit ihrer umfangreichen Erfahrung und Expertise sowie ihrem außergewöhnlichem Gespür für die richtige Story ist sie gerade im Agentur- und Verlagsumfeld, von IT- und Beratungsunternehmen wie auch anderen Dienstleistern immer wieder als Pitch-Coach gefragt. Außerdem entwickelt die Psychologin zeitgemäße Personalentwicklungskonzepte und begleitet ihre Kunden in umfangreichen Changeprozessen (Winner & Short List Human Excellence Awards, Focus Top Coach). Mehr zur Autorin via www.relation-s.de.

Karsten Altenschmidt

hat für diesen TaschenGuide die Kapitel »Investoren Pitch« und »Elevator Pitch« geschrieben. Er ist Experte für Präsentation, Projektmanagement und Ideation. Unternehmen engagieren ihn unter anderem, um ihre Pitchkompetenzen auszubauen. Der Kommunikationswissenschaftler, Anglist und Soziologe arbeitet seit vielen Jahren im relation~s Beraterteam und unter eigenem Namen (www.karstenaltenschmidt.de). Er ist TED-Talk Speaker Coach, Koordinator Speaker Coaching (TEDx Ruhr University Bochum) und leitet zudem das Zentrum für gesellschaftliches Lernen und soziale Verantwortung an der Universität Duisburg-Essen, wo er selbst regelmäßig in Förderausschreibungen und Wettbewerben pitcht.